Dr. Manfred Baur

FOSSILIEN

Spuren des Lebens

TESSLOFF

2 / Inhaltsverzeichnis

Hier siehst du, wo du bist!

Wo ist was?

Seite 17

Lebendes Fossil: Das Blatt eines Gingko-Baumes und sein Vorfahre. Diese Bäume gab es schon zur Zeit der Dinosaurier.

Seite 7

Dieser Ammonit ist ein Fossil. Doch so einfach ist es nicht immer. Manches im Boden tut nur so, anderes ist sogar gefälscht.

10 Fossilien erzählen Geschichten

- 10 Paläontologie früher und heute
- 12 Fossilien präparieren
- 14 Wunderwelt Bernstein
- ▶ **16 Lebende Fossilien**
- 18 Was Fossilien alles erzählen

4 Zeugen der Vergangenheit

- ▶ 4 Fossilienjäger in Afrika
- ▶ 6 Was ist ein Fossil?
- 8 Ein Fossil entsteht

Seite 10

Einer der ersten großen Fossilfunde: Fischsaurier.

Seite 22

Fossile Bakterien: 3,5 Milliarden Jahre alt sind die ältesten fossilen Spuren des Lebens.

20 Wie alles begann

- 20 Die Erdzeitalter
- 22 Präkambrium – Leben entsteht

Seite 23

Gegen Ende des Präkambriums tauchen höchst seltsame Meerestiere auf.

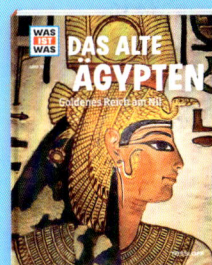

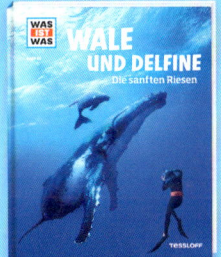

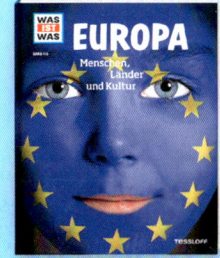

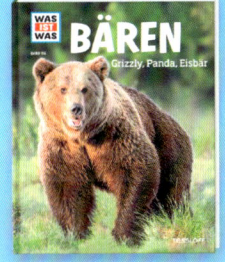
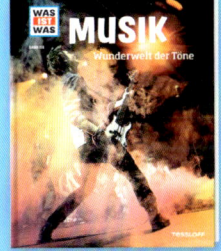

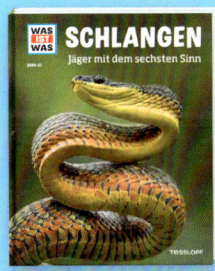

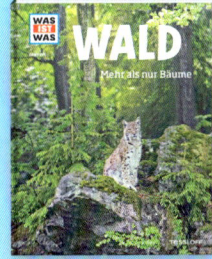

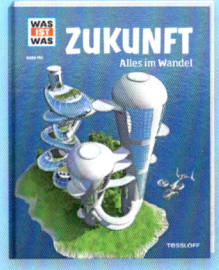
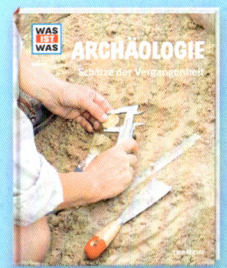

Die Reihe wird fortgesetzt.

Seite **27**

Von diesem Riesenfisch ist nur der Schädel erhalten.

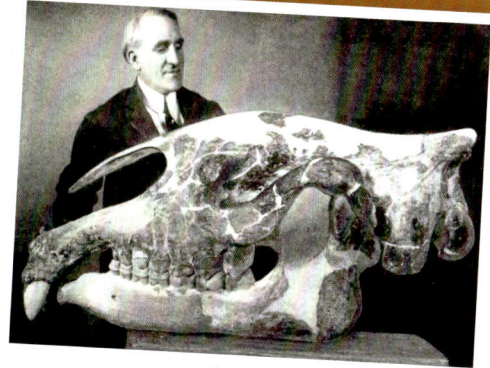

Seite **38**

Dieser Dickschädel gehört zum Paraceratherium, dem größten Landsäuger, der je gelebt hat.

24 / Paläozoikum – Erdaltertum

- 24 Kambrium – Das Leben entfaltet sich
- ▶ 26 **Ordovizium – Silur – Devon**
- 28 Karbon – Das Zeitalter der Kohle
- 30 Perm – Das große Sterben

38 / Känozoikum – Erdneuzeit

- 38 Der Aufstieg der Säugetiere
- ▶ 40 **Fundstätten der Erdneuzeit**
- 42 Homininen-Fossilien – Wie alles begann
- 44 Neandertaler und moderner Mensch
- ▶ 46 **Interview mit ollen Knochen**

Seite **31**

Im Perm waren Fächer Mode. Wozu sie dienten, erfährst du hier.

Die mit ▶ markierten Seiten könnten dich besonders interessieren!

Seite **44**

Aus fossilen Knochen wurde dieser Neandertaler rekonstruiert. Ob wir mit ihm verwandt sind?

32 / Mesozoikum – Erdmittelalter

- 32 Trias und Jura
- ▶ 34 **Fundstätten des Jura**
- 36 Kreidezeit – Das Ende der Dinos

Seite **33**

Der Dinospurenleser weiß: Hier zog einst eine Sauropodenherde vorbei.

48 / Glossar

Hier findest du die wichtigsten Begriffe kurz erklärt.

Zeugen der Vergangenheit

Fossilienjäger in Afrika

Friedemann Schrenk mit dem berühmten Unterkiefer »UR 501«, den Überresten eines Homo rudolfensis. Das Fossil zählt zu den ältesten, die wir von der Gattung Mensch kennen.

Anna Rybar beim Survey. So manches interessante Fossil versteckt sich unter den Pflanzen, Skorpione aber auch!

Afrika. Im Norden von Malawi gehen junge Menschen über steiniges Gelände. Sie sehen sich den Boden Zentimeter für Zentimeter genau an. Mal heben sie ein Steinchen auf und werfen es gleich wieder weg. Was sie suchen, sind Fossilien, die Überreste längst verstorbener Lebewesen. 16 Studenten, Diplomanden und Doktoranden nehmen an einer Fieldschool teil. Drei Wochen lang lernen sie in Theorie und Praxis, wie man Fossilien findet und welche Geschichten diese über die Vergangenheit erzählen. Die Teilnehmer kommen aus Äthiopien, Kenia, Tansania, Malawi und Deutschland, so wie die Archäologiestudentin Anna Rybar. Sie studieren Geologie, Biologie, Archäologie und Paläontologie. Geleitet wird das Projekt von dem Paläontologen und Frankfurter Professor Friedemann Schrenk.

Die Kunst des Survey

Die Teilnehmer kriechen früh aus ihren Zelten, um die kühleren Morgenstunden zu nutzen. Nach einem schnellen Frühstück geht es auf Survey. Survey ist englisch und bedeutet, sich einen Überblick zu verschaffen. Welche Fossilien liegen offen an der Oberfläche? Lohnt es sich, hier auch zu graben? Doch was sind Fossilien, was nur Steine, von denen es leider so viele gibt?

Leicht könnte man ein wichtiges Fossil übersehen. Da sind Knochensplitter, winzige Bruchstücke, die sich keiner bestimmten Art zuordnen lassen. Wahrscheinlich gehören sie zu einer Antilope, die hier vor zwei Millionen Jahren gegrast hat. Ungefähr so alt ist das Sediment, das Ablagerungsgestein, das hier offen zutage liegt und in dem die Fossilien eingebettet sind.

Auf das Sediment kommt es an

Als Friedemann Schrenk zum ersten Mal nach Malawi kam, war er etwa so alt wie die Teilnehmer der Fieldschool heute. Gemeinsam mit seinem amerikanischen Freund Tim Bromage hatte er auf Satellitenbildern im Norden von Malawi einen knapp 70 Kilometer langen und zehn Kilometer breiten Sedimentstreifen entdeckt. Malawi liegt im südlichen Ostafrika, genau zwischen berühmten Fundgebieten für Hominiden-Fossilien. Zu den Hominiden zählen der heute lebende Mensch, seine Vorläufer und außerdem die Menschenaffen. Vielleicht fänden sich auch Fossilien von Urmenschen in Malawi, so hofften die beiden jungen Paläontologen. 1982 reisten sie in den Norden Malawis und fanden in den Ablagerungen zahlreiche Fossilien von Tieren, die zur gleichen Zeit gelebt hatten wie unsere frühen afrikanischen Vorfahren. Sie fanden versteinerte Überreste von Antilopen, Schweinen, Pferden, Giraffen, hin und wieder auch Pavianzähne. Das gab Hoffnung, denn Paviane haben sich mit unseren Vorgängern den gleichen Lebensraum geteilt.

Tierfossilien erzählen von den Lebensbedingungen: Antilopen leben in baumreichen Gegenden, Gazellen in offenen Grassavannen.

Wo Anna Rybar den Zahn gefunden hat, wird das Sediment gesiebt. Zutage kommen Tierfossilien, überwiegend von Krokodilen und Schildkröten.

Jahr für Jahr kamen die beiden Forscher wieder und fanden erst im zehnten Jahr – 1991 – den Unterkiefer eines Homo rudolfensis. Das Alter des Fossils betrug zwischen 2,3 und 2,5 Millionen Jahre.

Die Sache mit den Schweinezähnen

Das genaue Alter von Sedimentschichten bestimmen Paläontologen am liebsten mit vulkanischen Ascheschichten. Darin befinden sich nämlich radioaktive Stoffe, die mit der Zeit zerfallen und eine Altersbestimmung ermöglichen. Weil es keine solchen Vulkanascheschichten in Malawi gibt, behelfen sich die Paläontologen dort mit den zahlreich vorkommenden Schweinezähnen. Denn je nach Umweltbedingungen und Nahrungsangebot hat die Evolution anders geformte Zähne hervorgebracht. Aus dem Aussehen der Zähne schließen die Wissenschaftler, wann diese Tiere gelebt haben und welches Alter Fossilien haben, die in der gleichen Sedimentschicht liegen. Auch Hominiden bringen je nach bevorzugter Nahrung unterschiedliche Zähne hervor. 1996 hatte das Team von Schrenk und Bromage den massiven Oberkiefer eines Paranthropus boisei entdeckt, der sich höchstwahrscheinlich von harten Pflanzenteilen und Gräsern ernährt hat. Dies war der zweite Hominiden-Fund in Malawi.

Der Trick mit den Türmchen

Für die Jungforscher geht es heute durch ein enges Tal. Der Boden ist zerfurcht. Bei jedem Regenguss in der Regenzeit wird das sandige Sediment weggeschwemmt. Steinchen, aber auch Fossilien wirken wie kleine Deckel und verhindern, dass das Sediment darunter bei Regen weggespült wird. So bilden sich kleine kegelförmige Sandtürmchen. Diese genauer anzusehen, lohnt sich also immer!

Annas Zahn

Da sieht Anna Rybar etwas Dunkles auf einem solchen Sandkegel, wahrscheinlich einen Zahn. Sie ruft sofort Ottmar Kullmer und Oliver Sandrock. Die beiden Lehrer der Fieldschool haben ihre Karrieren als Paläontologen bei Friedemann Schrenk begonnen, als sie ihm das entscheidende abgebrochene Stück des Unterkiefers von »UR 501« gesucht und auch gefunden haben. »UR 501«, das ist die Katalognummer des 1991 gefundenen Homo rudolfensis. In Tonnen von Sediment mussten die beiden ein winziges abgebrochenes Stück einer Kaufläche finden. Denn nur anhand dieses Stückchens konnte die Hominiden-Art genau bestimmt werden. Die beiden erkennen sofort die Bedeutung von Annas Fund. Wie sich herausstellt, ist es der Backenzahn eines Homo rudolfensis.

Die stolze Finderin Anna Rybar, Friedemann Schrenk und der Zahn. Es ist erst der dritte Hominiden-Fund in Malawi. Das wird natürlich gefeiert!

In den heißen Mittagsstunden setzen die Studenten das Skelett eines Nashorns zusammen. Besonders knifflig sind die vielen kleineren Knochen der Füße.

6 Zeugen der Vergangenheit

Was ist ein Fossil?

Fossilien erschließen uns die rätselhafte Welt einer fernen Vergangenheit. Zu den Fossilien zählen riesige Dinosaurierskelette, aber auch die Überreste mikroskopisch kleiner Lebewesen. Das Wort »Fossil« leitet sich aus dem Lateinischen ab (»fossilis«) und bedeutet »Ausgegrabenes«. Die meisten Fossilien werden nämlich aus Sedimentgestein, das sich aus Sand oder Schlamm gebildet hat, ausgegraben. Paläontologen haben sich genau überlegt, was sie zu den Fossilien zählen und was nicht. Ein Paläontologe ist ein Wissenschaftler, der sich mit dem Leben vergangener Erdepochen befasst. Und das ist ein Fossil: ein Zeugnis früheren Lebens, sofern es älter als 10 000 Jahre ist und somit nicht dem Holozän zuzuordnen ist. Als Holozän bezeichnet man die Epoche nach dem Ende der letzten Eiszeit, die bis heute andauert.

Körperfossilien

Die Paläontologen unterscheiden Körperfossilien und Spurenfossilien. Körperfossilien sind Überreste von Organismen, also von Bakterien, Pflanzen, Tieren und natürlich auch vom Menschen. Dazu gehören Knochen, Zähne, Krallen und Eier. Das Material dieser Überreste kann chemisch unverändert vorliegen oder durch Mineralien ersetzt worden sein.

kein Fossil

Wow! 400 000 Jahre alt ist dieses Steinwerkzeug. Trotz des hohen Alters ist es jedoch kein Fossil.

kein Fossil

Pharao Ramses II. wurde erst 1213 vor Christus mumifiziert, er ist kein Fossil. Die alten Ägypter sind nicht alt genug!

➡ **Rekord 3,5 Tonnen**

wiegt der größte Ammonit der Welt. Das schneckenförmige Fossil hat fast zwei Meter Durchmesser und kann im Westfälischen Museum für Naturkunde in Münster bestaunt werden. Es ist 80 Millionen Jahre alt.

Fossil

Mehr als 30 000 Jahre alt ist dieser Schädel eines Neandertalers. Eindeutig ein Fossil.

Fossil

Dieser nette Paläontologe pinselt versteinerte Dinoeier ab, die mindestens 66 Millionen Jahre alt sind. Es handelt sich dabei um Fossilien.

Fossil

Viele Millionen Jahre alt sind diese versteinerten Baumstämme in Arizona, USA. Diese Überreste eines Waldes sind eindeutig Fossilien.

Sieht aus wie eine Pflanze, ist aber keine! Diese fein verästelten Dendriten sind Mineralausscheidungen, die meist Eisen und Mangan enthalten. Also kein Fossil. Manchmal bezeichnet man Dendriten auch als Pseudofossilien.

Spurenfossilien

Die zweite Gruppe von Fossilien wird Spurenfossilien genannt. Dazu zählt alles, was Lebewesen als Spuren hinterlassen haben. Neben den beeindruckenden und großen Trittspuren von Dinosauriern können dies auch kleine Bohrlöcher von Würmern oder Weidespuren urzeitlicher Schnecken sein. Spurenfossilien sind auch versteinerte Ausscheidungen, etwa von Dinosauriern, Fischen oder Neandertalern. Der Fachausdruck für versteinerten Kot lautet Koprolith.

Ein Ammonit im Querschnitt. Das Gehäuse des urzeitlichen Kopffüßlers ist viele Millionen Jahre alt und ein Fossil.

Eindeutig eine Pflanze. Dieser Abdruck eines Blatts ist auch alt genug, um ein Fossil zu sein.

Gefälschte Fossilien

Mit Fossilien kann man viel Geld verdienen. Deshalb gelangen immer wieder angebliche »Originalfossilien« auf den Markt. Bei solchen Fälschungen werden oft fehlende Teile durch Knochen anderer Individuen oder durch nachgemachte Teile ergänzt. So entstehen zusammengestückelte Fossilien ohne wissenschaftlichen Wert. Eine berühmte Fälschung ist der »Piltdown-Man«. Der Schädel einer vermeintlich neuen Urmenschenart wurde 1912 entdeckt. Allerdings wurde er absichtlich im Boden platziert und bestand aus einem mittelalterlichen Menschenschädel, dem Unterkiefer eines Orang-Utans und den fossilen Zähnen eines Schimpansen. Die Fälschung wurde als solche erkannt, doch der Fälscher blieb bis heute unbekannt. Ebenfalls weltberühmt wurden die Beringer'schen Lügensteine. Diese außergewöhnlichen Steine stammen aus dem 18. Jahrhundert und sind tatsächlich keine Fossilien. Ein unbekannter Fälscher hatte diese »Fossilien« aus Kalkstein geschnitten und in einer Sandgrube vergraben, um den Naturforscher Adam Beringer an der Nase herumzuführen. Beringer fiel auf diese plumpen Fälschungen herein und veröffentlichte seine Entdeckung sogar 1726. Der Schwindel flog auf und Beringer war blamiert.

Vor etlichen Millionen Jahren wurde diese Fliege in Baumharz eingeschlossen. Dieser Bernstein ist also ein Fossil.

Diese seltsamen Tiere hat ein Fälscher in den Stein geschnitten. Die Beringer'schen Lügensteine sind keine Fossilien.

Es müssen nicht immer Knochen sein. Diese gewaltigen Fußspuren eines Dinosauriers zählen zu den Spurenfossilien.

Ein Fossil entsteht

Unter der Last darüberliegender Sedimentschichten können Fossilien flachgedrückt werden, so wie dieser versteinerte Fisch.

Pflanzen und Tiere werden meist von größeren Tieren gefressen. Die Überreste zersetzen kleinere Tiere sowie Maden, Bakterien und Pilze. Und sogar die härteren Teile wie Knochen oder Panzer zerfallen, wenn sie der Witterung ausgesetzt sind. In diesem Fall bleibt nichts, was auf eine Existenz dieser Pflanzen und Tiere hinweisen könnte. Nur in seltenen Fällen und unter ganz bestimmten Umständen können sich Teile von Lebewesen so umwandeln, dass sie längere Zeit überdauern.

Sediment muss sein

Die meisten Fossilien stammen von Tieren und Pflanzen, die im oder unmittelbar am Wasser gelebt haben und nach ihrem Tod rasch in Sediment eingebettet wurden. Sedimente können Schlamm oder Sand sein. Weichteile fossilisieren nur, wenn ein Lebewesen nach seinem Tod möglichst schnell vom Luftsauerstoff abgeschlossen wird. Meist bleiben nur die härteren Teile erhalten, also Knochen, Horn und Zähne. Die vom Sediment umgebenen Überreste sind in der Tiefe geschützt vor der Witterung und können so Millionen Jahre überstehen. Unter dem Druck darüberliegender Schichten wird aus dem umgebenden Sediment nach und nach festes Gestein. Zudem setzen chemische Veränderungen im umschlossenen Knochen ein. Das Knochenmaterial wird allmählich durch Mineralstoffe ersetzt. Aus dem leichten und gegenüber Erosion anfälligen Knochen wird ein schwereres und widerstandsfähiges Fossil. In seltenen Fällen mineralisieren auch weiche Gewebeteile oder erhalten sich als Hautabdrücke.

Bei diesem Trilobiten wurde ein von einem Tier hinterlassener Hohlraum von Sediment ausgefüllt. So entstand ein harter Steinkern (2). Spaltet man den Stein vorsichtig mit Hammer und Meißel, so kommen der Steinkern und dessen Gegenstück (1) zum Vorschein.

1 Vor Millionen Jahren
Ein Dinosaurier lebt in den Tag hinein und tut, was Dinos tun: Er frisst. Das Tier steht auf verschiedenen älteren Erdschichten. Der Dino weiß nichts davon!

2 Das Tier verendet
Der Dino stirbt am Flussufer und versinkt rasch im Schlamm. Unter dem Schutz des Sediments verwesen die Weichteile.

Wo sich Aasfresser an einem toten Tier zu schaffen machen, stehen die Chancen für die Fossilisierung schlecht.

3 Knochen fossilisieren
Knochen, Krallen und Zähne bleiben erhalten. In das Material lagern sich Mineralstoffe ein. Das Skelett versteinert zunehmend.

Ans Tageslicht

Viele Fossilien sind tief im Boden versteckt und nicht zugängig für uns. Doch die Erde ist ständig in Bewegung. Manchmal heben sich Teile der Erdkruste; zudem werden darüberliegende Schichten durch Erosion abgetragen. Wasser, Wind und Wetter legen so die Fossilien wieder frei. Besonders gute Fundstellen sind Kliffe, steile Berghänge oder Steinbrüche. Fossilien findet man oft auch bei Straßenbauarbeiten. Das scharfe Auge eines Fossiliensammlers entdeckt nun aus dem Boden ragende Fossilien. Durch gezielte Grabung kann auch der Rest des Fossils geborgen werden. Mit etwas Glück verbirgt sich im Boden ein ganzes Skelett eines Dinosauriers oder eines anderen urzeitlichen Tieres, vielleicht sogar eine neue, bis dahin unbekannte Art.

Unglaublich!

In Sibirien gibt der auftauende Permafrostboden häufig Mammutzähne und -skelette frei. Manchmal sind ganze Kadaver mit Weichteilen tiefgefroren erhalten, wie dieses Mammutbaby. Die Wissenschaftler müssen nun schnell sein und den Fund bergen, bevor Bakterien den Körper zersetzen. Die Forscher interessieren sich besonders für die DNA, also das Erbgut des nur sechs Monate alten Mammutmädchens.

4 Zeit vergeht
Die Erdoberfläche verändert sich. Über dem Fossil lagern sich weitere Sedimentschichten ab.

5 Erosion
Die Erde ruht nicht. Landmassen werden angehoben und damit auch die fossilienführenden Schichten. Wind und Wetter tragen die oberen Schichten ab.

6 Fossilien liegen frei
Jetzt wird es spannend. Erste fossile Knochen treten an die Oberfläche. Werden sie rechtzeitig entdeckt, bevor die Fossilien verwittern, können Paläontologen das ganze Skelett ausgraben. Hurra, ein Dino wurde entdeckt!

Paläontologie früher und heute

Zungensteine. Angeblich soll der heilige Petrus Natternzungen in Stein verwandelt haben. Der dänische Forscher Niels Stensen (1638–1686) erkannte schließlich, dass es sich hierbei um versteinerte Haifischzähne handelt.

Was wir über Fossilien wissen, verdanken wir unter anderem den Fossiliensammlern, die sich erstmals vor etwa drei Jahrhunderten mit diesen seltsamen Steinen befassten.

Paläontologie früher ...

Damals begann man, sich wissenschaftlich für Pflanzen und Tiere, Mineralien und auch seltsame Petrefakten (Versteinerungen) zu interessieren, und legte Sammlungen davon an. Bis dahin hatte man höchst sonderbare Vorstellungen davon, was Fossilien sein könnten. Es hieß, der Teufel habe die Fossilien auf die Erde gebracht oder es handle sich um Tiere, die bei der Sintflut ums Leben gekommen seien. Fossile Haifischzähne hielt man für Schlangenzungen.

Die ersten Paläontologen erkannten schließlich die wahre Natur der Fossilien als versteinerte Überreste von Urtieren. Der Engländer William Smith (1769–1839) hatte bei Vermessungsarbeiten Gelegenheit, an verschiedenen Stellen Englands die Gesteinsschichten und darin enthaltene Fossilien genauer zu untersuchen. Er erkannte, dass in manchen Schichten ganz bestimmte Fossilien, sogenannte Leitfossilien, enthalten sind. Als Leitfossilien bezeichnet man Fossilien, die sich zu Lebzeiten rasch veränderten und in großer Zahl weitverbreitet vorkommen. Mit ihnen lässt sich das Alter der Fundschichten relativ genau ermitteln. Smith stellte ferner fest, dass die Reihenfolge dieser Schichten auch an unterschiedlichen Orten immer gleich ist, wobei ältere Schichten

So stellte sich der Engländer Henry de la Beche (1796–1855) das Leben in den Urmeeren vor. Die Fossilien dazu hatte Mary Anning gefunden, so den Ichthyosaurier, den Plesiosaurier und den Flugsaurier Dimorphodon.

Die Engländerin Mary Anning (1799–1847) stammte aus armen Verhältnissen und brachte sich alles über Fossilien selbst bei. Im Alter von nur zwölf Jahren fand sie das erste komplette Ichthyosaurier-Skelett.

stets tiefer liegen als jüngere. Smith hat somit die Stratigrafie begründet, jenes Teilgebiet der Geologie, das sich mit der zeitlichen Aufeinanderfolge von Schichtgesteinen befasst. Dafür bekam er den Spitznamen »Strata Smith« verpasst, also »Schichten-Smith«.

Unglaublich!

In den 1870er-Jahren beginnt ein leidenschaftlicher Forschungswettlauf um Saurierfossilien zwischen den Amerikanern Othniel Charles Marsh und Edward Drinker Cope. Sie suchen mit allen Mitteln nach Fossilien der Riesenechsen. Die Rivalen lassen spionieren und sabotieren, sie sprengen sogar Fundorte mit Dynamit.

... und heute

Selbst wenn ein ganzes Team von Paläontologen zusammenarbeitet, kann das Freilegen eines großen Fossils immer noch viele Wochen dauern. Die Lage eines jeden Knochens wird in Fotografien und Zeichnungen festgehalten. Für die Altersbestimmung werden Proben vom umgebenden Sediment und der darunter- und darüberliegenden Sedimentschichten genommen. Einen ersten Hinweis, wie alt die Fundschicht ist, geben begleitende Leitfossilien. Die geborgenen Fossilien werden ins Labor gebracht, wo ein Präparator sie vom restlichen Sediment befreit und konserviert.

Schnüre unterteilen die Grabungsstelle in Quadrate. Die Lage der Fossilien wird in Zeichnungen genau festgehalten.

Wo kann ich Fossilien suchen?

In Steinbrüchen, Tongruben oder Klippen lassen sich je nach Alter des Sediments unterschiedliche Fossilien finden. Besonders einfach geht dies, indem du mit Hammer und Meißel die Platten von Plattenkalken spaltest. Aber du solltest auf jeden Fall den Besitzer um Erlaubnis fragen. Bei einigen Steinbrüchen können Besucher gegen eine geringe Gebühr nach Fossilien suchen. Du findest diese Plätze unter dem Suchbegriff »Klopfplätze« im Internet. Denk unbedingt an Arbeitshandschuhe und Schutzbrille.

Werkzeuge

Die geologische Karte (15) zeigt, wo Sedimente liegen. Mit Hammern (2), Meißeln (1), Spachteln (3), Nadeln (6) und Pinseln (12) legt man das Fossil frei. Die Lupe (7) hilft, Details zu erkennen. Mithilfe von Bestimmungsbüchern (11) lässt sich die Fossilienart ermitteln. Im Feldbuch (4) hält der Paläontologe alles Wichtige zum Fund fest. Kleine Fossilien findet man mit dem Sieb (5). Die Funde kommen in Beutel (14), Gläschen (11), Schachteln (8). Mikrofossilien (9) werden fürs Mikroskop speziell präpariert. Gegen Steinschlag hilft ein Schutzhelm (10).

Fossilien erzählen Geschichten

Dino in Gips
Das Freilegen eines großen Sauropoden, wie hier in Argentinien, kann Monate dauern. Für den Abtransport werden die brüchigen Knochen mit Gipsbinden umwickelt. Dann geht es zum Präparator.

Unter dem Binokular befreit der Präparator das Fossil vorsichtig von umgebendem Gestein und arbeitet so feinste Details heraus.

Fossilien präparieren

Ist ein Fossil freigelegt, fängt die eigentliche Arbeit erst an. Das Fossil wird als Ganzes oder in Teilen geborgen und für den Transport ins Labor vorbereitet. Bei empfindlichen größeren Fossilien werden diese für den Transport mit Gipsbandagen oder Kunststoffschaum stabilisiert. Kleinere Fossilien kommen in Tütchen, bei größeren, manchmal tonnenschweren Stücken werden Gabelstapler und Lkw eingesetzt.

Im Labor

Die schützende Transportumhüllung wird im Labor entfernt. Nun beginnt der Präparator mit seiner Arbeit. Er befreit das Fossil vorsichtig vom umgebenden, meist festen Sedimentgestein. Dazu setzt er Hammer und Meißel, kleine Sägen und Zahnarztbohrer ein. Die feinsten Werkzeuge sind Nadel und Pinsel. Manchmal ist es notwendig, anhaftendes Material mit verdünnten Säuren zu lösen. Brüchige Fossilien werden mit Leim, Sekundenkleber oder Harz stabil gemacht. Mit Röntgenstrahlen lässt sich in das Sedimentgestein hineinsehen. So kann die genaue Lage und Ausdehnung des darin enthaltenen Fossils ermittelt werden und der Präparator weiß, wo er besonders vorsichtig vorgehen muss. Vor allem bei sehr kleinen versteinerten Organismen werden die Arbeiten mit immer feineren Instrumenten unter dem Binokular-Mikroskop durchgeführt. Je nach Sediment und Erhaltungszustand der Fossilien wendet der Präparator unterschiedliche Methoden an. Feuchte Tonschieferplatten werden beim Trocknen brüchig und die Fossilien darin zerstört. Deshalb werden sie sorgfältig entwässert und mit Harz konserviert.

Dino beim Zahnarzt?
Hier wird kein Zahnstein beseitigt, sondern Sediment. Dennoch benötigt der Präparator ebenso viel Feingefühl wie ein Zahnarzt. Die Zähne gehören einem Nanotyrannus, dem kleinen Bruder vom T. rex.

Beschreibung des Fossils

Wenn das Fossil sorgsam präpariert ist, kann der Paläontologe die Anatomie des Fossils genau studieren und sie mit anderen Fossilien vergleichen. Mit etwas Glück lassen sich Merkmale entdecken, die auf eine bislang unbekannte Art oder gar Gattung hinweisen. In diesem Fall erhält das Fossil einen eigenen, neuen Namen. Durch den Vergleich mit anderen Fossilien lassen sich Erkenntnisse über die Evolution einer ganzen Tiergruppe gewinnen. Die Paläontologen vergleichen die Fossilien aber auch mit heute lebenden Tieren und versuchen so herauszufinden, wie sich das Tier vor Urzeiten bewegt haben könnte. Der Knochenbau gibt Hinweise über dessen Tragfähigkeit. Große Ansatzstellen der Muskeln bedeuten auch kräftige Muskeln. Der Forscher kann so auf Kraft und Schnelligkeit der Tiere schließen. Oft wird der Bewegungsapparat, wie zum Beispiel das Skelett, im Computer nachgebaut. So können Bewegungsabläufe simuliert werden. Wichtige Informationen liefern außerdem die fossil erhaltenen Trittspuren. Aus der Schrittlänge eines Tyrannosaurus rex beispielsweise lässt sich dessen Geschwindigkeit abschätzen. Die Ergebnisse der Forschungsarbeit veröffentlicht der Paläontologe in Fachzeitschriften und trägt sie auf Tagungen den Fachkollegen vor. Nicht immer sind die Paläontologen einer Meinung und es gibt hitzige Diskussionen. Diese Auseinandersetzungen sind ein wichtiger Teil der wissenschaftlichen Arbeit, denn durch unterschiedliche Interpretationen von Fundstücken kommen die Forscher der Wirklichkeit immer näher. So vervollständigt sich das Bild vom Leben vor vielen Tausend oder Millionen Jahren.

Jedes einzelne Fossil wird beschriftet und katalogisiert, sodass man jederzeit weiß, um was es sich genau handelt und wann und wo es gefunden wurde. Es lohnt sich übrigens, in Sammlungen zu forschen. So manche Entdeckung wurde in den Schubladen und Kisten von Museen gemacht.

Unglaublich!

Paläontologen aus Virginia, USA, haben ein 220 Millionen Jahre altes Reptil erforscht, ohne es aus dem umgebenden Stein herauszupräparieren. Die Präparation wäre sehr aufwendig gewesen und hätte ein bis zwei Jahre gedauert. Stattdessen blickten die Forscher mit einem hochauflösenden Computertomografen, also mit Röntgenstrahlen in den Stein hinein. Das Scannen war in weniger als zwei Tagen erledigt!

Warum zeichnen?

Fossil eines Hongshanornis longicresta. Dieser Vorfahre der heutigen Vögel hat vor 125 Millionen Jahren gelebt. Auf der Zeichnung sind die anatomischen Einzelheiten besser zu erkennen als auf der Fotografie, so auch die Magensteine (im Rechteck).

Fossilien erzählen Geschichten

Immergrün
Baumharz konserviert auch Pflanzenteile wie diese urzeitliche Zweigspitze mit den feinen Nadeln.

Viele Baumarten verschließen ihre Wunden mit Harz. Manchmal werden kleinere Tiere darin eingeschlossen.

Wunderwelt Bernstein

Der golden glänzende Bernstein ist trotz seines Namens gar kein Stein, sondern fossiles Baumharz. Nadelbäume sonderten das Harz vor vielen Millionen Jahren ab, um Verletzungen des Baumes zu schließen. Das Harz verklebte die Wunde und verhinderte, dass Bakterien und Pilze in das Holz eindrangen. Aber es war auch eine Falle für Insekten, Spinnen und andere kleine Tiere. Die zähflüssigen Harztropfen härteten allmählich aus und fielen als größere Brocken zu Boden. Sie wurden zum Teil in den Flüssen ins Meer geschwemmt. Unter Luftausschluss und dem Druck darüberliegender Sedimentschichten wurde das Harz härter und dichter. So entstand Bernstein, also fossiles Harz. Bernstein findet man unter anderem in der Karibik, dort besonders in der Dominikanischen Republik, außerdem in Neuseeland und im Bereich der Nordsee und Ostsee.

Ostsee-Bernstein

Vor etwa 50 Millionen Jahren waren die Pole eisfrei und in Europa herrschte subtropisches bis tropisches Klima. In Skandinavien wuchsen riesige Urwälder. Deren Bäume sonderten Harz ab, das sich verhärtete und zu Bernstein wurde. Man findet diesen Ostsee-Bernstein am Meeresstrand, aber auch an manchen Stellen im Landesinneren. Bernstein ist für die Paläontologie von großer Bedeutung, denn die im Bernstein eingeschlossenen Tiere sind scheinbar unversehrt und mit allen Einzelheiten erhalten. Tatsächlich jedoch ist das Innere der eingeschlossenen Tiere meistens hohl. Oft haben sich nur die widerstandsfähigen Chitinpanzer, etwa von Insekten, erhalten.

Magischer Bernstein

Bernsteine sind nicht nur wichtig für die Paläontologie, sondern werden auch als Schmuckstücke getragen. Dem Bernstein werden sogar magische Kräfte und Heilwirkung nachgesagt. Angeblich soll er Hexen, Dämonen und Trolle vertreiben und böse Zauber abwehren. Auf jeden Fall ist leuchtender Bernstein schön anzusehen.

Ungefährlich
Ein Skorpion, in Bernstein gefangen. Sogar der feine Stachel ist zu sehen.

Schmuckes Stück
Besonders klarer und schöner Bernstein wird gerne zu Schmuck verarbeitet.

Dinos aus Bernstein – geht das denn?

Im Film »Jurassic Park« interessieren sich Dino-Forscher vor allem für die im Bernstein eingeschlossenen Stechmücken und das von ihnen gesaugte Dinosaurierblut. Daraus extrahieren sie Stücke des Erbguts der Dinosaurier und setzen diese wieder zu kompletten DNA-Molekülen zusammen, um damit Dinosaurier auszubrüten. Was im Film und in der Romanvorlage ohne Weiteres gelingt, ist tatsächlich so nicht möglich. Die DNA-Moleküle der Dinosaurier sind nach vielen Millionen Jahren derart zerstückelt und unvollständig, dass sie unbrauchbar sind.

Beinbruch
Dieser Frosch hatte erst Pech, dann Glück und wieder Pech. Wahrscheinlich hatte ihn ein Vogel ruppig mit seinem Schnabel gepackt und ihm die Beine gebrochen. Der Frosch entkam im letzten Moment, um ins Harz zu fallen.

Was guckst du?
Größere Wirbeltiere wie Eidechsen oder dieser Gecko finden sich sehr selten im Bernstein.

So viele Beine aber auch
Aber sie nutzten dem Hundertfüßer nichts, als er vor 15 bis 40 Millionen Jahren ins Baumharz geriet. Gefunden in der Dominikanischen Republik.

Vorsicht!
Je leichter die Insekten, umso gefährlicher ist das klebrige und duftende Harz. Es wirkt wie ein Fliegenfänger.

Angeberwissen

▶ Die im Bernstein eingeschlossenen Tiere oder Pflanzen nennt man Inklusen.

▶ Die deutsche Bezeichnung »Bernstein« kommt aus dem Mittelniederdeutschen und heißt »Brennstein«. In dieser Sprache heißt »börne« brennen. Tatsächlich lässt sich Bernstein mit dem Feuerzeug anzünden.

▶ 68 Kilogramm wog das größte jemals gefundene Bernsteinstück. Es kam 1991 in Indonesien ans Tageslicht, konnte jedoch nur in Teilstücken geborgen werden. Die beiden größten Teile wogen je 23 kg.

Lebende Fossilien

Fossilien zeigen, dass sich das Leben in der Vergangenheit laufend verändert hat. Tiere und Pflanzen haben sich stets an die sich wandelnden Lebensbedingungen angepasst. So sind alte Arten verschwunden und neue entstanden. Manche Arten starben aus, ohne Nachfolger zu hinterlassen. Viele der heute lebenden Organismen gleichen kaum noch ihren frühen Vorfahren. Einige Arten hingegen sehen immer noch so aus wie vor vielen Millionen Jahren. Hat sich eine Art über lange Zeiträume kaum verändert, so spricht man von einem lebenden Fossil. Dass sich Arten derart lange nahezu unverändert halten, verdanken sie einem Lebensraum, der sich kaum verändert. Manchmal leben diese Arten isoliert und haben kaum Konkurrenten oder Fressfeinde.

Teilweise galten lebende Fossilien als ausgestorben und mussten erst wiederentdeckt werden, so wie der Quastenflosser. Von ihm kannte man zunächst nur Fossilien. Die jüngsten waren 70 Millionen Jahre alt. Erst im 20. Jahrhundert wurden lebende Exemplare des Quastenflossers entdeckt. Aber auch bekanntere Tierarten zählen wir zu den lebenden Fossilien. So Silberfischchen, Schaben und Libellen, die zu den ältesten Insekten gehören und bereits im Karbon, also in der Zeit von vor 359 Millionen Jahren bis vor 299 Millionen Jahren auftraten. Den Begriff »lebendes Fossil« hat Charles Darwin eingeführt, jener Mann, dem wir die Evolutionstheorie verdanken. Man nennt lebende Fossilien auch Dauerformen oder Dauertypen.

Quastenflosser
Lange Zeit kannte man den Quastenflosser nur aus Fossilien und so hielt man ihn für ausgestorben. 1987 konnten deutsche Meeresbiologen den Quastenflosser bei Tauchfahrten vor den Komoren in 200 Metern Tiefe in seinem natürlichen Lebensraum beobachten. Er hat also überlebt!

Der besondere Schädelbau macht die Brückenechse zu einem lebenden Fossil. Außerdem verfügt sie auf dem Kopf über ein Scheitelauge, ein Sinnesorgan, mit dem die Echse feinste Helligkeitsunterschiede wahrnehmen kann. Brückenechsen waren einst im Trias, der Zeit der frühen Dinosaurier, eine sehr artenreiche Reptiliengruppe.

Pfeilschwanzkrebs
Diese urzeitlichen Tiere sind gar keine Krebse, sondern mit den Spinnen und Skorpionen verwandt. Der Pfeilschwanzkrebs hat sich seit 570 Millionen Jahren kaum verändert.

Ginkgo
Vom Jura, beginnend vor 201 Millionen Jahren, bis zum Ende der Kreidezeit vor 66 Millionen Jahren war der Ginkgo in vielen Arten weltweit verbreitet. Doch nur der besonders widerstandsfähige Ginkgo biloba überlebte in China und wurde auch andernorts wieder angepflanzt.

Libelle
Diese Flugkünstler gab es schon vor den Dinosauriern und sie haben sich seitdem kaum verändert. Allerdings haben sie an Größe eingebüßt. Wir kennen Fossilien mit unglaublichen 70 Zentimetern Flügelspannweite!

Schabe
Sie gelten als Überlebenskünstler und sind seit dem Karbon ihrem Bauplan treu geblieben. Ihr Erfolgsrezept: Sie stellen kaum Ansprüche und sind hart im Nehmen. So haben sie Klimaextreme und Meteoriteneinschläge überlebt. Schaben haben die Dinos kommen und gehen sehen.

Fossilien erzählen Geschichten

Was Fossilien alles erzählen

Gesteine und Mineralien berichten über die geologische Vergangenheit der Erde und wie die gewaltigen Kräfte des Erdinneren den Planeten stets neu formen. So entsteht durch Vulkanismus neuer Meeresboden und es falten sich gewaltige Gebirge auf. Die in einigen Gesteinsschichten enthaltenen Fossilien hingegen erzählen von der Geschichte des Lebens sowie von Klima und Umwelt vergangener Zeiten.

Immer neues Leben

Die Entwicklung des Lebens begann vor etwa 3,8 Milliarden Jahren mit den ersten Einzellern. Aus ihnen entstanden einfache mehrzellige Lebensformen. Doch die Lebensbedingungen änderten sich ständig. Mal war es wärmer, mal kälter, mal trocken und dann wieder feucht. Die sich stets verändernde Umwelt brachte immer neue Arten hervor. Die Sedimentschichten mit den fossilen Überresten sind wie Seiten im Buch des Lebens.

Die Geschichte des Lebens

Viele fossile Überreste kommen uns bekannt vor. Sie erinnern an Lebewesen, die so ähnlich auch heute noch existieren. Andere Fossilien stammen von Organismen, die uns völlig fremd sind. Dinosaurier oder eigentümliche Meereswesen wie Trilobiten gibt es heute nicht mehr. Offensichtlich gab es in der Vergangenheit Lebewesen, die inzwischen ausgestorben sind oder die sich zu neuen Arten entwickelt haben. Anhand von Fossilien lässt sich der Stammbaum des Lebens rekonstruieren. Unter anderem waren es Fossilien, die im 19. Jahrhundert den Briten Charles Darwin dazu brachten, die Evolutionstheorie zu formulieren. Diese Theorie erklärt, wie sich Tier- und Pflanzenarten im Laufe vieler Generationen zu neuen Arten entwickeln konnten. Aus veränderten Körpermerkmalen können Paläontologen auch auf eine Veränderung der Umweltbedingungen schließen. Die fossilen Kalkschalen mikroskopisch kleiner Meerestiere verraten sogar, wie warm das Wasser war und welches Klima herrschte.

Das Puzzle der Kontinente

Fossilien belegen auch, dass die Kontinente nicht immer schon so waren, wie wir sie heute kennen. Betrachtet man auf einem Globus die Westküste Afrikas und die Ostküste Südamerikas, so scheinen beide Kontinente genau ineinanderzupassen, ähnlich wie zwei Puzzleteile. Zu Anfang des 20. Jahrhunderts vermutete der Deutsche Alfred Wegener, dass die beiden Kontinente ursprünglich zusammengehört haben mussten, sich aber voneinander getrennt haben und seit geraumer Zeit auseinanderdriften. Dabei bildete sich der Atlantische Ozean. Wegener wollte nun wissen, wie die anderen Kontinente in früheren Zeiten zueinander standen. Er vermutete, dass alle Kontinente vor langer Zeit in einem einzigen großen Kontinent zusammenhingen. Diesen Superkontinent nannte er Pangäa, was »Ganze Erde« bedeutet.

Fossilien hier und dort

Um seine Idee zu belegen, verwendete Wegener auch Versteinerungen. Er kartierte die Fundorte tierischer und pflanzlicher Fossilien und stellte fest, dass Fossilien derselben Art in Afrika, Australien, Südamerika, Indien und auch in der Antarktis gefunden wurden. Und das, obwohl zwischen den Fundorten Tausende Kilometer Ozean liegen. Doch als Wegener die Fundorte in seine Karte von Pangäa eintrug, stellte er

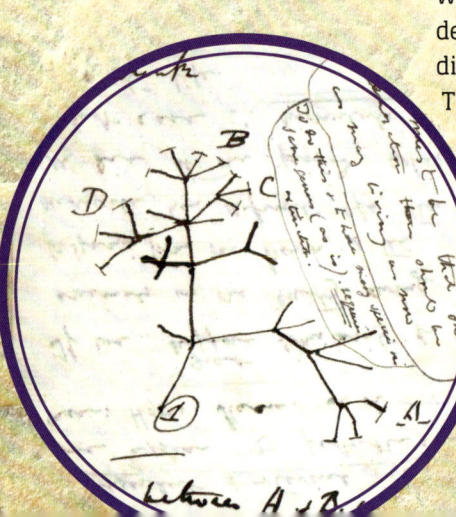

Baum des Lebens. Charles Darwin hält 1837 in seinem Notizbuch fest, wie sich im Laufe der Zeit immer neue Arten entwickeln. Darwins Vorstellungen über die Evolution des Lebens waren damals sehr umstritten.

Solche fossilen Glossopteris-Blätter finden sich sowohl in Afrika als auch in Brasilien.

Der deutsche Meteorologe und Polarforscher Alfred Wegener (1880–1930) erkannte, dass sich die Kontinente laufend verschieben. Unter anderem brachten ihn Fossilien auf diese Idee.

fest, dass die Fundstellen alle in einer Region lagen. Fossilien des Mesosaurus, eines Reptils, das vor 280 bis 290 Millionen Jahren gelebt hat, wurden sowohl in Argentinien als auch in Afrika gefunden. Fossile Samenfarne der Gattung Glossopteris fanden sich weitverbreitet in allen südlichen Landmassen. Der Farn breitete sich zu einer Zeit aus, als es noch einen Superkontinent gab. Erst später brach Pangäa auseinander. Allerdings konnte Wegener nicht erklären, was diesen Kontinentaldrift verursachte.

Wie kommt die Muschel auf den Berg?

Heute wissen wir, dass die Erdkruste aus zahlreichen größeren und kleineren ozeanischen und kontinentalen Platten besteht. Diese erstarrten Platten schwimmen auf dem heißen und zähflüssigen Magma wie Holzflöße auf dem Wasser. Im Erdmantel treiben auf- und absteigende Magmaströme die Kontinentalplatten voneinander weg oder aufeinander zu. Kollidieren die kontinentalen Platten der Erdkruste, so verschmelzen sie miteinander. Manchmal brechen Kontinentalplatten auch auseinander. Dabei sind gewaltige Kräfte am Werk. Platten treffen aufeinander und türmen gewaltige Gebirge auf. Die unterschiedlichen Gesteinsschichten werden gefaltet und Sedimentgesteine der Urzeitmeere werden auf einige Tausend Meter angehoben. So kommt es, dass man in Gebirgen wie den Alpen, den Anden oder dem Himalaya in großer Höhe typische Meeresfossilien findet wie Muschelschalen oder Ammoniten. Jedes Mal wenn wir ein Fossil finden, zeigt sich uns, dass alles in Bewegung ist: der nur scheinbar so feste Boden unter unseren Füßen, die Meere und alles Leben auf dem Planeten Erde.

Planet im Wandel

Die Verteilung der Kontinente Europa, Afrika, Nord- und Südamerika, Australien, Asien und ganz im Süden Antarktika erscheint uns unveränderlich und starr. Doch in geologischen Zeiträumen über viele Millionen Jahre hinweg verändern sie durchaus ihre Position auf dem Globus und manchmal brechen sie an einigen Stellen auseinander. Aus dem Superkontinent Pangäa wurden erst die beiden Kontinente Laurasia und Gondwana. Und auch diese Kontinente zerbrachen in kleinere Teile. Diese drifteten auseinander, bis sie schließlich ihre heutige Position erreicht hatten. In Zukunft werden sie wieder aufeinanderstoßen und erneut einen zusammenhängenden Superkontinent bilden. Zugleich hebt und senkt sich der Meeresspiegel, sodass große Landflächen überflutet werden oder wieder zum Vorschein kommen. Mit der Verteilung der Landmassen und der Meere ändern sich auch die klimatischen Bedingungen, an die sich die Lebensformen auf dem Planeten ständig anpassen müssen.

Solche Meeresfossilien finden sich auch in Hochgebirgen. Weil Afrika auf Europa stieß, begannen sich vor etwa 60 Millionen Jahren die Alpen aufzufalten. Dabei wurde uralter Meeresboden angehoben. So kamen fossile Muscheln und andere Meeresbewohner auf die Berge.

1 Vor 250 Millionen Jahren: Der Superkontinent Pangäa ist vom Meer umgeben.

2 Vor 160 Millionen Jahren: Laurasia (gelb) und Gondwana (lila) entstehen.

3 Vor 100 Millionen Jahren: Die beiden Superkontinente brechen auseinander.

4 Heute: Die Welt, wie wir sie kennen. Aber die Kontinente bewegen sich weiter.

Die Erdzeitalter

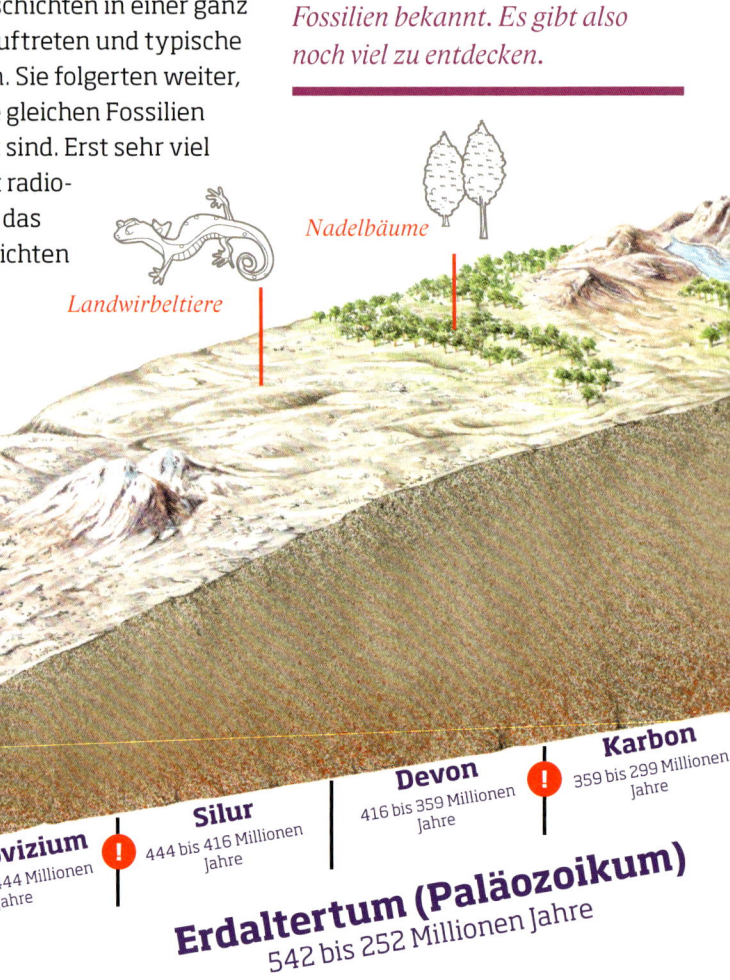

Der Grand Canyon in Arizona, USA. Der Colorado River hat sich etwa 1 800 Meter tief in das Sedimentgestein geschnitten und ermöglicht uns einen Blick in die Erdgeschichte der letzten 1,8 Milliarden Jahre.

Mithilfe von Fossilien rekonstruieren Paläontologen die Tier- und Pflanzenwelt der Vergangenheit. Dabei hat es sich als sinnvoll erwiesen, die Urgeschichte in verschiedene Zeitalter einzuteilen. An den Grenzen dieser Zeitabschnitte zeigen die Fossilfunde oft auffallende Veränderungen in Flora und Fauna. Durch veränderte Umweltbedingungen änderte sich auch das Klima; der Meeresspiegel schwankte, sodass sich die Lebewesen an immer neue Bedingungen anpassen mussten. So hat die Evolution eine Vielzahl von Lebewesen im Wasser und an Land hervorgebracht. Zugleich verschwanden viele Arten von der Erdoberfläche.

Massenaussterben

Fossilien zeigen, dass sich das Leben auf der Erde manchmal drastisch verändert hat und viele Tier- und Pflanzenarten innerhalb eines kurzen Zeitraums ausstarben. Das größte Massenaussterben fand vor rund 252 Millionen Jahren statt. Es markiert zugleich das Ende des Erdaltertums und den Beginn des Erdmittelalters. Schätzungsweise 95 Prozent aller Arten an Land und 70 Prozent der Meereslebewesen verschwanden. Zu weiteren Massensterben kam es am Ende des Ordoviziums (vor 444 Millionen Jahren), zwischen Devon und Karbon (vor 359 Millionen Jahren), am Ende des Perms (vor 252 Millionen Jahren) und an der Wende von Trias und Jura (vor 201 Millionen Jahren). Das jüngste Massensterben ist zugleich das bekannteste: Es machte vor 66 Millionen Jahren an der Grenze zwischen Erdaltertum und Erdneuzeit den Dinosauriern den Garaus.

Altersbestimmung

Vor mehr als 200 Jahren fiel den Geologen auf, dass die Gesteinsschichten in einer ganz bestimmten Abfolge auftreten und typische Leitfossilien enthalten. Sie folgerten weiter, dass Schichten, die die gleichen Fossilien führen, auch gleich alt sind. Erst sehr viel später konnte man mit radiometrischen Verfahren das Alter der Sedimentschichten

➡ Rekord
99,9 %

aller Arten, die je auf der Erde gelebt haben, existieren heute nicht mehr. Und nur ein kleiner Teil der verschwundenen Arten ist uns als Fossilien bekannt. Es gibt also noch viel zu entdecken.

Einzeller

Trilobiten

Seelilien und Haarsterne

Cooksonia (Landpflanzen)

Landwirbeltiere

Nadelbäume

Präkambrium
4 000 bis 542 Millionen Jahre

Kambrium
542 bis 488 Millionen Jahre

Ordovizium
488 bis 444 Millionen Jahre

Silur
444 bis 416 Millionen Jahre

Devon
416 bis 359 Millionen Jahre

Karbon
359 bis 299 Millionen Jahre

Erdaltertum (Paläozoikum)
542 bis 252 Millionen Jahre

genau bestimmen. Als besonders geeignet stellte sich vulkanische Asche heraus. Bei der Bildung dieser Ascheschichten entstanden neue Mineralien. Die darin enthaltenen radioaktiven Elemente, wie z.B. Uran-235, zerfallen mit einer bekannten Zerfallsrate. Aus dem Verhältnis von Uran und Zerfallsprodukt lässt sich das absolute Alter der Schicht bestimmen. Liegt eine Sedimentschicht mit Fossilien zwischen zwei vulkanischen Schichten, dann lassen sich also das maximale und das minimale Alter der Sedimentschicht angeben. Es gibt eine Reihe solcher radiometrischer Methoden der Altersbestimmung. Das bekannteste Verfahren ist die Radiokarbonmethode, auch C-14-Datierung genannt. Damit lässt sich das Alter von organischem Material bis zu etwa 50 000 Jahren ermitteln.

Leitfossilien

Um geologische Zeitabschnitte voneinander abtrennen und das Alter von Sedimentschichten bestimmen zu können, bedienen sich Paläontologen häufig auftretender Tier- oder Pflanzenfossilien. Fossilien, die möglichst häufig vorkommen, weitverbreitet sind und sich in ihrer Ausprägung möglichst kurzlebig, schnell und formenreich entwickelt haben, werden Leitfossilien genannt. Der Experte kann mit ihnen das Alter einer Sedimentschicht bestimmen. Bekannte Leitfossilien sind Trilobiten, Ammoniten und Belemniten.

Auf die Linie kommt es an

Aus der Form dieser Lobenlinie lässt sich die Art eines Ammoniten bestimmen – und damit dessen Alter.

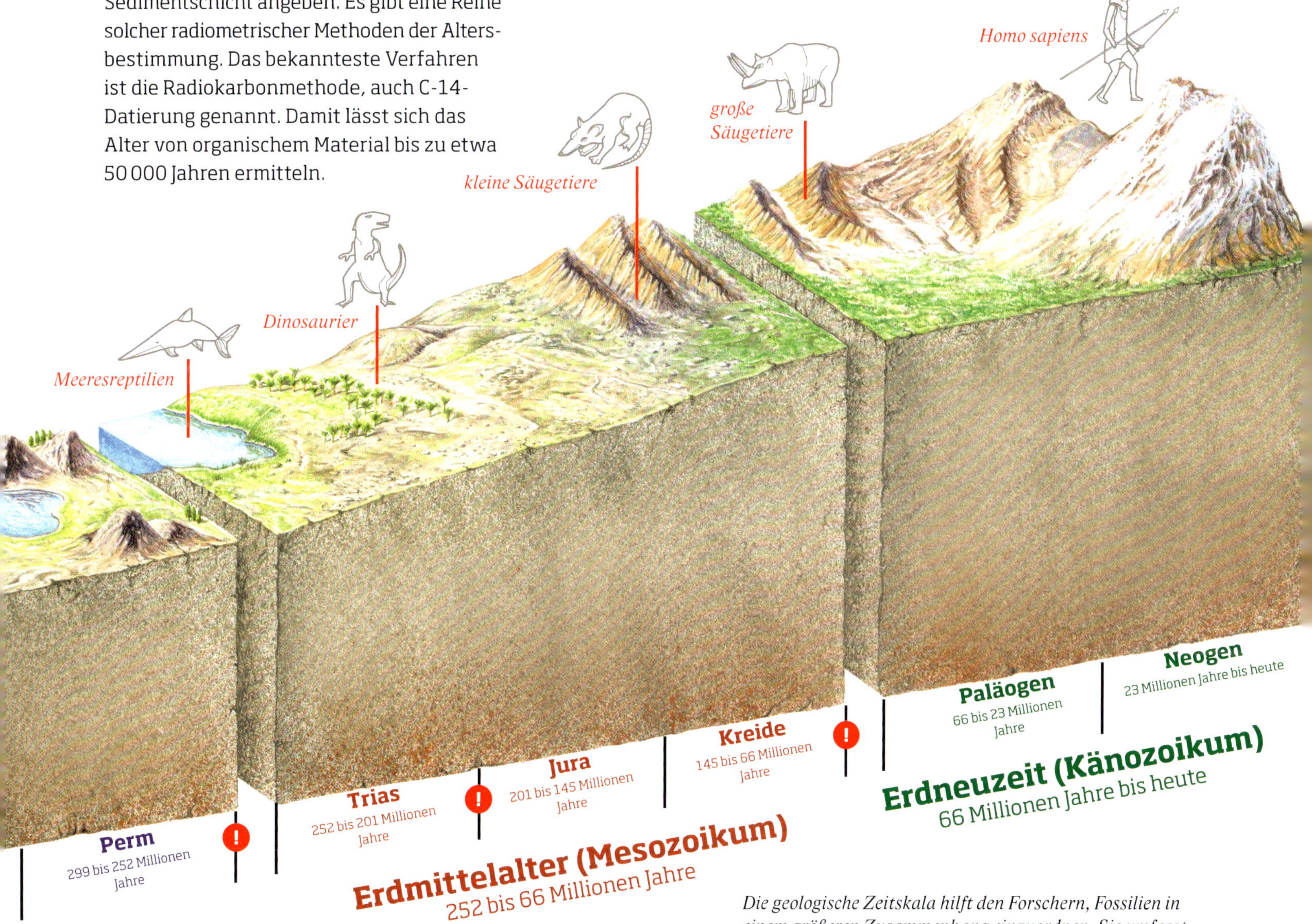

Homo sapiens

große Säugetiere

kleine Säugetiere

Dinosaurier

Meeresreptilien

Perm
299 bis 252 Millionen Jahre

Trias
252 bis 201 Millionen Jahre

Jura
201 bis 145 Millionen Jahre

Kreide
145 bis 66 Millionen Jahre

Paläogen
66 bis 23 Millionen Jahre

Neogen
23 Millionen Jahre bis heute

Erdmittelalter (Mesozoikum)
252 bis 66 Millionen Jahre

Erdneuzeit (Känozoikum)
66 Millionen Jahre bis heute

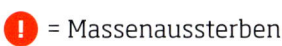 = Massenaussterben

Die geologische Zeitskala hilft den Forschern, Fossilien in einem größeren Zusammenhang einzuordnen. Sie umfasst die letzten vier Milliarden Jahre, in denen entscheidende Ereignisse der Evolution stattgefunden haben. Die Abbildung zeigt nur die grobe Unterteilung in Ära (z.B. Erdaltertum) und Periode (z.B. Ordovizium) und ist nicht maßstabsgerecht.

Präkambrium – Leben entsteht

Unser Planet entstand vor 4,6 Milliarden Jahren zusammen mit der Sonne und den anderen Planeten aus einer riesigen Gas- und Staubwolke. Immer mehr Materie klumpte zusammen und bildete bald schon eine glühende Gesteinskugel. Beinahe wäre sie auch wieder zerstört worden, denn es kam zu einer Kollision mit einem anderen, etwa marsgroßen Urplaneten namens Theia. Gesteinsbrocken, Staub und Gase wurden ins All geschleudert und umkreisten die Erde. Aus den Trümmern bildete sich ein glühend heißer Mond, der eine ebenso glühende Erde umkreiste. Die Erde kühlte ab, ein Jahrtausende andauernder schwerer Regen fiel und der Urozean bildete sich. Darin waren als Bausteine des Lebens Mineralsalze gelöst und kleinere organische Moleküle. Sie bildeten die Grundlage allen weiteren Lebens.

Erstes Leben

Vor 3,8 bis 4 Milliarden Jahren dürften sich die ersten einzelligen Organismen gebildet haben. Die Gashülle der Erde bestand damals aus Kohlendioxid, Stickstoff und Wasserdampf sowie geringeren Mengen Methan, Ammoniak und Schwefelwasserstoff – eine für Menschen absolut giftige Atmosphäre! Die ältesten bekannten Fossilien sind etwa 3,7 Milliarden Jahre alt. Sie stammen von Cyanobakterien, die von Sonnenlicht und Kohlendioxid lebten. Diese Mikroorganismen haben Sauerstoff in die Atmosphäre abgegeben. Die winzigen Einzeller existieren bis heute und sind wahre Baumeister. Sie leben in Bakterienmatten im flachen Meerwasser und bilden steinartige Strukturen, sogenannte Stromatolithen (von griechisch »stroma«, Decke, und »lithos«, Stein). Stromatolithen nennt man auch »lebende Felsen«. Die wahrscheinlich ältesten bekannten Mehrzeller sind 1,56 Milliarden Jahre alt. Die Fossilien ähneln Seetang und könnten die Vorfahren heutiger Tiere, Pflanzen und Pilze sein.

»Schneeball-Erde«

Vor rund 720 Millionen Jahren wurde es ungemütlich frostig. Der Planet verwandelte sich wahrscheinlich mehrmals in eine »Schneeball-Erde«. Die Ozeane froren zu und auch die Landmassen verschwanden unter Eis und Schnee. Vor 636 Millionen Jahren taute die Erde wieder auf und brachte neuartige Lebensformen hervor.

Vielzeller

Die flachen Meere wurden nun von eigentümlichen mehrzelligen Organismen bevölkert. Die Tiere der Ediacara-Fauna – so benannt nach ihrem Fundort Ediacara Hills in Australien – hatten zunächst weder Kopf noch Beine. Sie waren am Meeresgrund verankert, sodass ihre weichen, flachen Körper im Wasser stehen und daraus Nahrungsteilchen herausfiltern konnten. Spätere Formen scheinen auch so etwas wie einen Kopf und einen Mund gehabt zu haben. Die Paläontologen sind sich uneins, was diese Wesen eigentlich sind. Die meisten Forscher glauben, dass es sich um primitive Tiere handelt, andere halten sie für Algen oder Flechten – oder für riesige Einzeller. Viele dieser Organismen dürften sich von den auf dem Meeresgrund liegenden Bakterienmatten ernährt haben.

Stromatolithen
Man muss schon genau hinsehen, um in diesem Stein fossilisierte Überreste von Leben zu erkennen. Diese Strukturen (oben) wurden vor über drei Milliarden Jahren von Bakterien geschaffen. Sie sind die ältesten fossilen Spuren von Leben. Das große Bild zeigt lebende Stromatolithen im flachen Wasser von Shark Bay in Australien.

Dickinsonia
Dieses Fossil kann nur einen Zentimeter messen, aber auch einen Meter groß sein. Dickinsonia lebte vor 560–555 Millionen Jahren. Dieses flache Lebewesen hatte möglicherweise ein Vorder- und ein Hinterende, aber keinen Kopf. Vermutlich nahm es mit seiner ganzen Körperfläche die Nahrung vom Meeresgrund auf.

Charnia
Dieses Wesen steckte mit einem Stiel im Meeresboden und filterte mit dem ins Wasser ragenden Wedel Bakterien aus der Strömung. In seinem Körper könnten auch Algen gelebt haben, sodass Charnia grün gefärbt war und die Energie des Sonnenlichts nutzen konnte.

Tribrachidium
Forscher haben diesen »kleinen Dreiarmer« im Computer nachgebaut und festgestellt, dass diese besondere Körperform die Wasserströmung zu zwei Gruben lenkt. Dieses Tier konnte nahrhafte Kleinpartikel aus dem Wasser filtern.

Kimberella
Mit diesem Fossil wurden auch Weidespuren entdeckt. Kimberella dürfte also Bakterienmatten flächig abgegrast haben.

Spriggina
Dieses Fossil ist nach Reg Sprigg, dem Entdecker der Ediacara-Fauna, benannt: Spriggina bestand aus Segmenten, hatte ein Vorder- und ein Hinterende und möglicherweise auch Augen und Mund. Dieses drei Zentimeter lange Wesen dürfte einer der ersten Räuber gewesen sein.

Kambrium – Das Leben entfaltet sich

Anomalocaris. Die 505 Millionen Jahre alten Anhänge des Greifers.

Vor dem Beginn des Kambriums hatten Einzeller und die seltsamen Weichtiere der Ediacara-Fauna die Meere bevölkert. Doch vor etwa 530 Millionen Jahren erschienen urplötzlich zahlreiche neuartige Tiere. Die Evolution trumpfte mit immer neuen »Erfindungen« auf. Die wichtigste Neuerung war das Skelett. Einige Tierarten wurden von einem Innenskelett gestützt, andere von einem Außenskelett, also einer Schale geschützt. Einige Tiere des Kambriums hatten sogar Beine und einen Kopf mit Sinnesorganen daran. Die Forscher nennen diese rätselhafte Entwicklung mit zahlreichen und vielfältigen Neuerungen kambrische Explosion.

Kambrisches Wettrüsten

Ganz oben an der Nahrungskette dürfte Anomalocaris gestanden haben. Rund einen Meter lang, schwamm dieses Wesen durchs Urmeer und sah sich mit großen Facettenstielaugen nach Beute um. In Australien wurden Anomalocaris-Augen gefunden, von denen jedes aus 16 700 sechseckigen Linsen bestand. Hatte der Urzeit-Räuber damit Beute erspäht, schnappte er sie mit den beiden Greifern vorne an seinem Maul. Die Beutetiere stellten sich auf die Bedrohung ein und schützten sich mit harten Außenskeletten und spitzen Stacheln vor Fressfeinden. Die Räuber wiederum entwickelten kräftigere Beiß- und Knackwerkzeuge. Räuber und Beute befanden sich in einem Wettrüsten und entwickelten immer neue Waffen und Verteidigungsstrategien.

Stielaugen

Anomalocaris schwamm mit lappenähnlichen Fortsätzen durchs Urmeer. Auf dem Kopf saßen zwei lange Stielaugen, die aus mehreren Tausend Einzellinsen bestanden. Sie ähnelten damit den Facettenaugen heutiger Krebse und Insekten. An der Mundöffnung saßen zwei bewegliche Greifwerkzeuge. Wahrscheinlich wurden damit Beutetiere gepackt und zum Mund geführt.

Greifer

Ottoia-Fossilien haben oft einen stark gekrümmten Körper, sodass wir annehmen können, dass der Meereswurm in u-förmigen Bauten versteckt lebte.

Die meisten Trilobitenarten wurden drei bis zehn Zentimeter lang. Einige Arten konnten aber auch einen halben Meter groß sein.

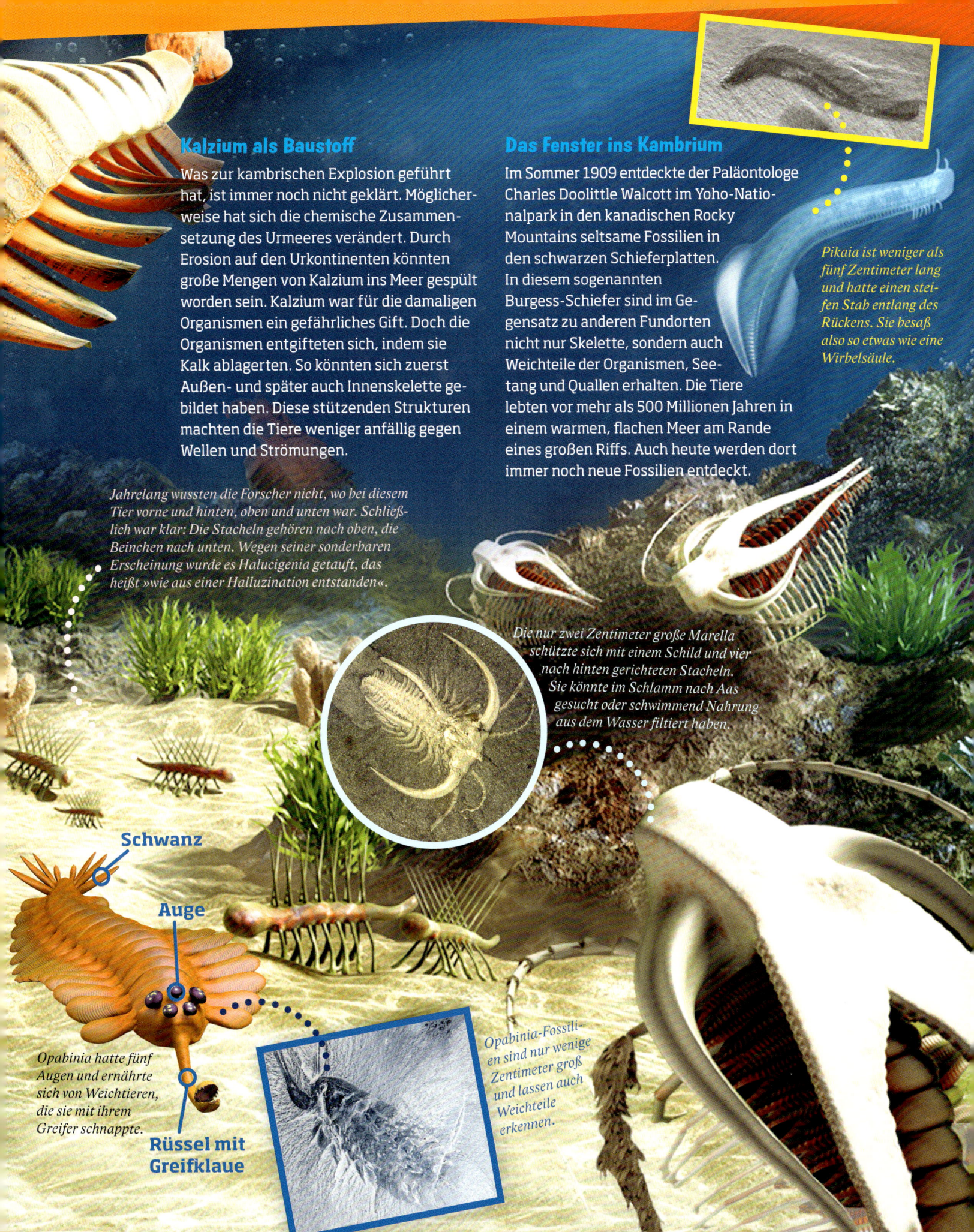

Kalzium als Baustoff

Was zur kambrischen Explosion geführt hat, ist immer noch nicht geklärt. Möglicherweise hat sich die chemische Zusammensetzung des Urmeeres verändert. Durch Erosion auf den Urkontinenten könnten große Mengen von Kalzium ins Meer gespült worden sein. Kalzium war für die damaligen Organismen ein gefährliches Gift. Doch die Organismen entgifteten sich, indem sie Kalk ablagerten. So könnten sich zuerst Außen- und später auch Innenskelette gebildet haben. Diese stützenden Strukturen machten die Tiere weniger anfällig gegen Wellen und Strömungen.

Das Fenster ins Kambrium

Im Sommer 1909 entdeckte der Paläontologe Charles Doolittle Walcott im Yoho-Nationalpark in den kanadischen Rocky Mountains seltsame Fossilien in den schwarzen Schieferplatten. In diesem sogenannten Burgess-Schiefer sind im Gegensatz zu anderen Fundorten nicht nur Skelette, sondern auch Weichteile der Organismen, Seetang und Quallen erhalten. Die Tiere lebten vor mehr als 500 Millionen Jahren in einem warmen, flachen Meer am Rande eines großen Riffs. Auch heute werden dort immer noch neue Fossilien entdeckt.

Pikaia ist weniger als fünf Zentimeter lang und hatte einen steifen Stab entlang des Rückens. Sie besaß also so etwas wie eine Wirbelsäule.

Jahrelang wussten die Forscher nicht, wo bei diesem Tier vorne und hinten, oben und unten war. Schließlich war klar: Die Stacheln gehören nach oben, die Beinchen nach unten. Wegen seiner sonderbaren Erscheinung wurde es Halucigenia getauft, das heißt »wie aus einer Halluzination entstanden«.

Die nur zwei Zentimeter große Marella schützte sich mit einem Schild und vier nach hinten gerichteten Stacheln. Sie könnte im Schlamm nach Aas gesucht oder schwimmend Nahrung aus dem Wasser filtriert haben.

Schwanz

Auge

Opabinia hatte fünf Augen und ernährte sich von Weichtieren, die sie mit ihrem Greifer schnappte.

Rüssel mit Greifklaue

Opabinia-Fossilien sind nur wenige Zentimeter groß und lassen auch Weichteile erkennen.

Ordovizium – Silur – Devon

In den drei aufeinander folgenden Perioden Ordovizium, Silur und Devon spielte sich das Leben vor allem in den Meeren ab. Aber in dieser Zeit wagten sich auch die ersten Pflanzen und Tiere an Land.

Ordovizium

In den Meeren des Ordoviziums (vor 488 Millionen bis 444 Millionen Jahren) lebten kieferlose Fische, Furcht einflößende Seeskorpione und Unmengen von Trilobiten. Beängstigend waren die bis zu vier Meter langen Cephalopoden mit ihrem gerade gestreckten Gehäuse. Im Gehäuse konnten die Tiere mit Gasen den Auftrieb regulieren und so auf- und absteigen. Den Vortrieb erzeugten sie, indem sie Wasser aus ihrer Körperhöhle herauspressten. Sie bewegten sich also raketenähnlich nach dem Rückstoßprinzip. Im Ordovizium begannen die ersten Lebewesen, das Land zu erobern. Den Anfang machten die Vorfahren der Pflanzen, die Grünalgen. Dann folgten die Lebermoose dorthin, wo es einigermaßen feucht war, also an die Ufersäume und in Höhlen. Auch asselartige Gliedertiere hinterließen ihre Spuren an Land. Die ersten Lebewesen waren nun Luft und Sonnenstrahlung ausgesetzt. Das war nur möglich, weil sich inzwischen die Atmosphäre mit Sauerstoff angereichert hatte und sich eine Ozonschicht bilden konnte. Diese Ozonschicht schützte Pflanzen und Tiere vor schädlicher ultravioletter Strahlung.

Aus dem Loch der Brachiopoden (Armfüßer) ragte ein Stiel, mit dem diese Tiere auf den Riffen hafteten.

Seeskorpione waren Räuber in den Ozeanen und Binnenmeeren des Erdaltertums. Wie heutige Skorpione besaßen sie auch Schwanzstacheln. Sie wurden über zwei Meter lang.

Graptolithen sind koloniebildende Organismen, von denen sich nur die Außenskelette erhalten haben. Viele röhrenartige Einzeltiere sind miteinander verbunden und schweben frei im Wasser, andere Kolonien sind sesshaft.

Silur

Im Silur (vor 444 Millionen bis 416 Millionen Jahren) entwickelte sich das Leben an Land weiter. Die ersten echten Landpflanzen erschienen. Sie waren noch recht einfach gebaut, verfügten aber schon über Wurzeln und Leitgefäße, in denen Wasser und Nährstoffe transportiert wurden. Anders als die flach wachsenden Moose und Flechten wuchsen diese Pflanzen nun auch in die Höhe. Die ersten Böden bildeten sich und konnten nun auch Regenwasser festhalten. Dies war die Voraussetzung dafür, dass sich auch wirbellose Tiere vermehrt an Land aufhalten konnten. Gegen Ende des Silurs tummelten sich Spinnen, Hundertfüßer und Landskorpione auf dem Festland. Im Meer waren riesige Seeskorpione zu Hause. Neben den bereits bekannten kieferlosen Fischen durchkreuzten erstmals auch solche mit Kiefern die Meere.

Im Devon bildeten sich erstmals auch Bäume, so der Baumfarn Archaeopteris.

Ein Fisch geht an Land

Der Landgang der Wirbeltiere war ein wichtiger Schritt in der Evolution der Landtiere. Doch das entscheidende Fossil, das zeigte, wie aus Flossen Beine wurden, fehlte lange Zeit. Der amerikanische Evolutionsbiologe Neil Shubin jedoch hat gezielt nach diesem Fossil gesucht. Die einzige Stelle mit offen liegenden Sedimentschichten im Alter von etwa 375 Millionen Jahren fand er in der kanadischen Arktis. Erst im vierten Grabungssommer fand er dann das gesuchte Fossil. Er nannte es Tiktaalik, was in der Sprache der Inuit »Großer Süßwasserfisch« bedeutet. Es hatte Fischschuppen und einen Fischschwanz, aber den Hals einer Amphibie. Außerdem war das Wirbeltier mit Lungen und Kiemen gleichermaßen ausgestattet. Mit den Vorderflossen konnte es über Schlamm und im flachen Wasser über den Grund watscheln. Der anatomische Bau ist der gleiche wie bei Vogel, Pferd oder Mensch. Die Evolution hat offensichtlich für diese Tiere den Bauplan von Tiktaalik übernommen.

Devon

Im Meer entwickelte sich eine Vielzahl von Fischen, weswegen das Devon (vor 416 Millionen bis 359 Millionen Jahren) auch als Zeitalter der Fische bezeichnet wird. Viele Fische des Devons, wie beispielsweise die Panzerfische, existieren heute nicht mehr. Der Quastenflosser hingegen, der im Devon erstmals auftaucht, hat sich bis heute nahezu unverändert erhalten und gilt deshalb als lebendes Fossil. Vor etwa 375 Millionen Jahren wagten sich auch die ersten Wirbeltiere an Land.

Liegestütze im Flachwasser oder Landausflug? Aus den Vorderflossen des Tiktaalik entwickelten sich Pfoten, Flügel und unsere Hände.

Dunkleosteus konnte mehr als sechs Meter lang werden. Als Fossil erhalten ist meist nur die knöcherne Panzerung von Schädel und Nacken. Vier Knochenplatten im Ober- und Unterkiefer hatten die Funktion von Zähnen. Sie schärften sich mit jedem Biss selbst.

Dunkleosteus war der Topräuber der devonischen Meere und fraß vermutlich Haie, Trilobiten und Ammoniten.

▶ Schon gewusst?

Der Übergang von einer Tiergruppe in eine andere vollzieht sich meist sehr rasch. Fossilisierte Übergangsformen sind daher oft nicht bekannt. Diese fehlenden Fossilien werden oft »missing link« genannt, also fehlende Bindeglieder.

Paläozoikum – Erdaltertum

Im Karbon bildeten sich verschieden große Pflanzen. In Sumpfwäldern wuchsen Baumfarne und riesige Schachtelhalme.

Die Libelle Meganeura hatte eine Flügelspannweite von bis zu 70 Zentimetern.

Viele Farne des Karbons hatten baumartigen Wuchs. Solche Fossilien finden sich in den Kohlerevieren Deutschlands.

Karbon – Das Zeitalter der Kohle

Im Karbon, das vor 359 Millionen Jahren begann und vor 299 Millionen Jahren endete, stießen verschiedene Landmassen zusammen und bildeten schließlich den Superkontinent Pangäa. Große Regionen lagen zeitweise über dem Südpol und waren mit Eis bedeckt, während andere Bereiche am Äquator lagen.

Riesenwuchs durch gute Luft

Vor allem an den Küsten herrschten Sümpfe vor und es wuchsen Tropenwälder, aus denen später Kohlelagerstätten wurden. Diese Wälder gaben so viel Sauerstoff ab, dass der Sauerstoffanteil in der Atmosphäre auf über 30 Prozent stieg. Das ist deutlich mehr als die 21 Prozent Sauerstoffanteil der Luft heute. Wirbellose Tiere, deren Atemmechanismen ihre Größe begrenzen, konnten in dieser mit Sauerstoff angereicherten Luft zu Riesen heranwachsen. So knatterten damals Riesenlibellen durch die Luft und das Land bevölkerten gigantische Spinnen, zweieinhalb Meter lange Tausendfüßer und einen Meter große Skorpione.

Der Trick mit dem Ei

Im Karbon brachte die Evolution eine Neuerung hervor, die das Leben an Land weiter voranbrachte. Aus den Tetrapoden (Vierfüßern), die im Devon an Land gingen, entwickelten sich Reptilien. Sie konnten als erste Tiere auch Eier an Land ablegen. Diese besondere Art von Ei ist von einer ledrigen Eihaut oder harten Eischale umgeben und wird auch Amniotenei genannt. Diese Umhüllung verhindert, dass der Embryo austrocknet. Im Ei eingebettet ist das Eigelb, die Nahrung für den heranwachsenden Embryo. Im Gegensatz zu den Amphibien, die nur in Ufernähe bestehen konnten, weil sie ihre Eier in Wasser ablegen mussten, ermöglichte das Amniotenei den Reptilien auch die Besiedlung trockenen Landes weitab vom Wasser. Viele spätere Reptilienarten verzichteten ganz darauf, Eier zu legen, und ließen die Embryonen in ihren Eiern im Körper heranwachsen, um sie dann lebend zur Welt zu bringen.

Das Zeitalter des Karbons ist nichts für Menschen, die Angst vor Insekten und Spinnentieren haben. Der Riesengliederfüßer Arthropleura konnte zweieinhalb Meter lang werden. Er kroch durch das Unterholz und fraß verrottende Pflanzen.

Fossile Energie

Kohle und Erdöl werden als fossile Brennstoffe bzeichnet, weil sie aus den toten Körpern urzeitlicher Organismen entstanden sind. Durch Verbrennen dieser Stoffe nutzen wir Licht- und Wärmeenergie, die vor Jahrmillionen in Form von organischem Material gespeichert wurde. Kohle und Erdöl liefern auch wichtige Rohstoffe für Farben, Kunststoffe und Medikamente.

Vom Plankton zum Rohöl

In den urzeitlichen Meeren – nicht nur des Karbons – lebten kleine, frei schwebende Pflanzen und Tiere, die meisten davon mikroskopisch klein. Als sie abstarben, sanken sie auf den Meeresgrund und wurden in Sediment eingebettet. Dieses entstand an Land durch Verwitterung von Gesteinen und wurde über Wind und Wasser ins Meer transportiert, wo es als Sand oder Schlamm in die Tiefe sank. Die Sedimente wuchsen über die Jahrmillionen und verfestigten sich zu Gestein. Die darin enthaltenen organischen Reste wandelten sich unter Luftausschluss zu Rohöl um. Das Öl wanderte durch das poröse Gestein, bis es an undurchlässige Schichten gelangte. Dort bildeten sich Erdölfelder. Beim Verbrennen von fossilen Energieträgern, also Erdöl und Kohle, wird das Treibhausgas Kohlendioxid (CO_2) frei, das Jahrmillionen gebunden war. Vom Menschen freigesetzte Treibhausgase führen zur globalen Erwärmung und einem Klimawandel mit schwerwiegenden Folgen. Zudem sind Erdöl- und Kohlevorkommen nicht unerschöpflich. Schon in wenigen Jahrzehnten werden die fossilen Lagerstätten aufgebraucht sein. Sinnvoller ist der Einsatz erneuerbarer Energien, wie zum Beispiel Sonnenenergie, Wasser- und Windkraft.

Von den Pflanzen zur Kohle

Abgestorbene Pflanzen wie die riesigen Schachtelhalme und Baumfarne des Karbons wandeln sich unter Luftausschluss und dem Druck darüberliegender Sedimentschichten zunächst in Torf, dann in Braunkohle und schließlich in Steinkohle um. Bei genügend hohen Temperaturen und Druck entsteht sogar die völlig schwarze Glanzkohle (Anthrazit). Je schwärzer das Material, umso höher ist der Kohlenstoffgehalt. Wenn wir heute also Kohle verbrennen, dann wird Sonnenenergie frei, die Pflanzen vor Urzeiten eingefangen haben.

➡ Schon gewusst?

Von der Kohle, lateinisch »carbo«, leitet sich der Name des Karbons ab.

In den Kohlebrocken, die in den Kohlebergwerken abgebaut werden, finden sich noch fossile Abdrücke von Pflanzenblättern und Baumrinden aus dem Karbon.

Lebende Pflanzen

Fossile Pflanzen

Kohleabbau im Bergwerk

Edaphosaurus (»Pflaster-Echse«) ernährte sich von Pflanzen. Das Rückensegel diente wahrscheinlich dazu, die Körpertemperatur zu regulieren, und half natürlich auch bei der Balz.

Perm – Das große Sterben

Während des Perms – vor 299 bis 252 Millionen Jahren – waren alle Landmassen in einem einzigen Superkontinent namens Pangäa vereint. Große Teile der Landmassen auf der Südhalbkugel waren vereist. Im Oberperm führte jedoch eine Erwärmung zum Abschmelzen der Gletscher und des polaren Eises, sodass der Meeresspiegel stieg. Weite Bereiche im Zentrum Pangäas lagen am Äquator und waren so weit vom Meer entfernt, dass sie von Wolken und Regen nicht erreicht wurden. Hier erstreckten sich lebensfeindliche heiße und trockene Wüsten. In den gemäßigteren und kälteren Zonen wuchs neben Nadelbäumen auch die Glossopteris-Flora, benannt nach der häufig vorkommenden Gattung Glossopteris. Diese Pflanzen waren sehr gut an die jahreszeitlichen Temperaturschwankungen angepasst. Sie warfen ihr Laub meist ab und im Holz zeigten sich Jahresringe. Aus vielen dieser Wälder wurden Kohleflöze.

Europa am Äquator

Mittel- und Westeuropa befanden sich in Äquatornähe am östlichen Rand von Pangäa. Durch das stellenweise heiße und trockene Klima trockneten die Flachmeere aus und es bildeten sich große Salzlagerstätten, so auch in Deutschland.
In den Meeren lebten fremdartige Tiere wie Runzelkorallen und Trilobiten (Dreilapper-Krebse). Beide kennen wir nur als Fossilien. Auch die Brachiopoden (Armfüßer) waren sehr vielfältig und weitverbreitet. Heute gibt es nur noch wenige Vertreter der Brachiopoden.

Säugetierähnliche Reptilien

Es wechselten sich riesige Nadelwälder mit weiten Steppenebenen ab. Die bei der Fortpflanzung auf Wasser angewiesenen Amphibien waren in niederschlagsärmeren Regionen zurückgegangen. Stattdessen eroberten Reptilien das Landesinnere. Einige

Wer da wohl lief?
Diese Fußspuren wurden in New Mexico, USA, entdeckt und stammen wahrscheinlich von einem Dimetrodon, das im Unterperm über den weichen und feuchten Meeresstrand lief.

Fastsäuger
Procynosuchus (griechisch: »Vor-Hundekrokodil«) ist ein Therapside, ein säugetierähnliches Reptil.

Reptilien, die Therapsiden, entwickelten säugetierähnliche Merkmale. Unter ihnen gab es räuberische Fleischfresser und Insektenjäger, aber auch Pflanzenfresser. Wahrscheinlich waren die Therapsiden zumindest teilweise warmblütig und konnten ihre Körpertemperatur regulieren. Sie konnten auch dann aktiv sein, wenn die Kälte primitivere Reptilien träge werden ließ. Das machte die Therapsiden zu einer erfolgreichen Tiergruppe. Doch eine Katastrophe unterbrach ihre Entwicklung jäh.

Die große Katastrophe

Am Ende des Perms kam es zu einem großen Massenaussterben. 95 Prozent der Meeresbewohner und 70 Prozent der auf dem Land lebenden Arten verschwanden. Die wahrscheinlichste Erklärung hierfür sind gewaltige, lang anhaltende vulkanische Eruptionen in Sibirien, die wir unter dem Namen Sibirischer Trapp kennen. Die Eruptionen haben mit einem gewöhnlichen Vulkanausbruch nur wenig gemeinsam, denn sie dauerten mehrere Hunderttausend Jahre. Unmengen an flüssiger Lava quollen aus der Erde und bedeckten eine Fläche von sieben Millionen Quadratkilometern. Zudem wurden Kohlendioxid und Chlorwasserstoff (Salzsäuregas) in die Atmosphäre freigesetzt, was zu einer Erhöhung der weltweiten Durchschnittstemperatur um 5 Grad Celsius führte. Möglicherweise trugen noch andere Ursachen, wie der Einschlag eines großen Meteoriten, zu dem größten Massensterben der Erdgeschichte bei. Mit dem Perm endete auch das Paläozoikum, das »Zeitalter der Alt-Tiere«, und mit dem Trias begann dann das Erdmittelalter. Man nennt dieses Artensterben vor 252 Millionen Jahren das Perm-Trias-Ereignis.

Ausgestorben
Ernst Haeckel (1834–1919) hat fossile Runzelkorallen in seinem 1904 erschienenen Buch »Kunstformen der Natur« künstlerisch festgehalten. Runzelkorallen sind am Ende des Perms ausgestorben.

Wer kann, der kann!
Der robuste Schädel mit seinen spitzen Zähnen zeichnet Dimetrodon als gefährlichen Jäger aus. Mit dem Rückensegel konnte er sich bereits am frühen Morgen aufwärmen und so noch unterkühlte und träge Reptilien überraschen.

Mesozoikum – Erdmittelalter

Trias und Jura

Alles, was wir über das Leben der Dinosaurier wissen, stammt aus Fossilienfunden des Mesozoikums, des Erdmittelalters. Das Mesozoikum unterteilt sich in Trias (vor 252 bis 201 Millionen Jahren), Jura (vor 201 bis 145 Millionen Jahren) und Kreidezeit (vor 145 bis 66 Millionen Jahren). Die Herrschaft der Dinosaurier begann in der Trias und dauerte insgesamt 160 Millionen Jahre. Zu jener Zeit waren die Kontinente zu einer einzigen großen Landmasse verbunden, dem Urkontinent Pangäa. So konnten sich die ersten Dinosaurier, die Prosauropoden, überallhin ausbreiten. Das erklärt auch, warum man Fossilien der frühesten Dinosaurier auf allen heutigen Kontinenten findet. Einer der ersten Dinosaurier war der Eoraptor (»Räuber der Morgenröte«), ein nur etwa ein Meter langer, flinker Jäger, der sich auf zwei Beinen fortbewegte. Sein langer Schwanz half ihm, beim Rennen das Gleichgewicht zu halten und schnell die Richtung zu wechseln.

Jäger der Lüfte

In der späten Trias tauchten die ersten, noch vergleichsweise kleinen Flugsaurier auf. Eudimorphodon war vom Schnabel bis zur Schwanzspitze gemessen nur etwa 70 Zentimeter lang. Mit der aufgespannten Flughaut konnte er gut gleiten, aber das Skelett verrät auch, dass er aktiv mit den Flügeln schlug.

Dinofutter

Pangäa war vor allem im Landesinneren von weiten Wüsten durchzogen. Doch an den Küsten und in den Flusstälern herrschte eine üppige Vegetation. Dort wuchsen vor allem Farne, Schachtelhalme sowie Gingko- und Nadelbäume. Von diesen Pflanzen ernährten sich die Vegetarier unter den Dinosauriern, so die Prosauropoden. Fossilfunde zeigen auch, was die Räuber fraßen: Insekten, Frösche und kleinere Reptilien, darunter auch Schildkröten.

Eudimorphodon. Mit seinen spitzen Fangzähnen vorne im Maul schnappte sich der Flugsaurier wahrscheinlich Fische aus dem Meer. Das erste Fossil wurde erst 1973 am Rande der italienischen Alpen gefunden.

▶ Schon gewusst?

Alle Dinosaurier sind ausschließlich Landtiere. Flugsaurier, Fischsaurier und Meeresechsen sind somit keine Dinosaurier.

Coelophysis war etwa 2,80 Meter lang und wog rund 45 Kilogramm. Er lebte vor 208 bis 201 Millionen Jahren. Viele der gut erhaltenen Fossilien enthielten im Bauchbereich die feinen Knochen von Jungtieren. Möglicherweise hat sich Coelophysis in Notzeiten auch vom eigenen Nachwuchs ernährt; ansonsten fraß er kleinere Echsen.

- Kleine, spitze Zähne eines Räubers
- Langer, beweglicher Schwanz
- Drei Klauen an den Hinterbeinen
- Knochen von Jungtieren im Bauch

Cynognathus (»Hundekiefer«) gehört zu den Cynodontiern, jener Gruppe der Therapsiden, die das Massenaussterben am Ende des Perms überlebten. Aus den Therapsiden entwickelten sich die Säugetiere.

Immer größer, immer schwerer

Die eigentliche Blütezeit der Dinosaurier war das Jura. Schon im Trias begann Pangäa auseinanderzubrechen. Im Jura setzte sich dies fort und es bildeten sich zwischen den Landmassen neue Meere. Die wüstenartigen Landstriche verschwanden immer mehr, das Klima wurde feuchter und wärmer, sodass sich eine üppige tropische Pflanzenwelt ausbreiten konnte. Es gab genug zu fressen und so entwickelten sich immer größere pflanzenfressende Dinosaurier. Natürlich hatten die Riesendinos auch einen enormen Energieverbrauch. Die Nahrung wurde aus Zeitmangel unzerkaut hinuntergeschlungen. Die Verdauung begann erst im Magen. Das Jura ist das Zeitalter der riesigen Sauropoden wie Diplodocus oder Brachiosaurus. Die Wirbelknochen verraten, dass zumindest einige Sauropoden ihre langen Hälse nach oben strecken und so an Blätter und Zweige der Bäume gelangen konnten. Die Vegetarier verteidigten sich mit der Macht ihrer Masse und den langen Peitschenschwänzen gegen die ebenfalls immer größer werdenden Raubsaurier. Da hatten auch große Raubdinosaurier wie der Allosaurus Mühe, an eine Mahlzeit zu kommen, und wurden zum Teil schwer verletzt. Die Fossilien der Fleischfresser erzählen Geschichten von verheilten Wunden, ebenso von verlorenen Kämpfen.

Das Geheimnis des Erfolgs

Die fossilen Dinoknochen verraten auch, warum Dinosaurier so lange überdauerten. Bei den Dinosauriern befanden sich die Beine direkt unter dem Körper und nicht seitlich wie bei Eidechsen oder Krokodilen. Dinosaurier waren somit beweglicher und schneller als etwa Krokodile, die ihren Körper jedes Mal mühsam hochstemmen müssen. Die säulenartigen Dinobeine konnten auch das enorme Gewicht der großen Dinosaurier besser tragen. Nur so konnten sie zu enormer Größe heranwachsen. Aber Fossilien verraten auch so manches über das Verhalten der Tiere in der Gemeinschaft. So finden sich Trittspuren von Sauropoden, die eindeutig auf ein Herdenleben schließen lassen. Und mehr noch: Die schutzbedürftigen Kleinen wurden in die Mitte genommen. Gegen die gigantischen Tiere dürften auch große Fleischfresser machtlos gewesen sein. Und noch einen Vorteil hatten Dinosaurier gegenüber anderen Echsen. Viele Dinoarten hatten ein Federkleid als Wärmeschutz. Die einzigen Nachfahren der Dinos, die Vögel, erheben sich heute damit in die Lüfte. Wenn das mal kein Erfolg ist!

Was für ein Knochen!

Möglicherweise haben Paläontologen 2014 in Argentinien den größten Dino aller Zeiten ausgegraben. Dieser Oberschenkelknochen könnte zu einem 40 Meter langen und 80 Tonnen schweren Sauropoden gehört haben. Am Fundort lagen Knochen von insgesamt sieben der riesigen Pflanzenfresser. Vielleicht sind sie an einer ausgetrockneten Wasserstelle verdurstet.

Solche runden Trittspuren sind typisch für die pflanzenfressenden Sauropoden.

Kleiner Kopf

Langer Hals

Peitschenschwanz

Kräftige Oberschenkel

Überschall-Dino. Diplodocus ist nicht der größte, aber wohl der bekannteste Sauropode. Wahrscheinlich konnte er mit seiner langen Schwanzspitze sogar einen Überschallknall erzeugen.

Mesozoikum – Erdmittelalter

Ichthyosaurier. Dieser weibliche Fischsaurier ist drei Meter lang. In seinem Bauch befinden sich fünf Embryos und über ihm schwimmt ein Jungtier.

Fundstätten des Jura

Keine Pflanzen, sondern eine Kolonie von Tieren, die an einen Baumstamm geheftet vor 180 Millionen Jahren durchs Urmeer drifteten. Die Einzeltiere der Riesen-Seelilie bestehen aus bis zu 15 Meter langen Stielen, an deren Enden einen Meter große Kronen sitzen. 18 Jahre dauerte es, um dieses Fossil zu präparieren.

Es müssen nicht immer riesige Dinoknochen sein. Berühmte Fundstätten des Jura finden sich auch im Süden Deutschlands. Im bayerischen Solnhofen und in Holzmaden in Baden-Württemberg wurden sensationelle Fossilien entdeckt.

Holzmaden – Leben im Urmeer

Vor 180 Millionen Jahren, als der Superkontinent Pangäa auseinanderbrach, war fast ganz Europa von dem urzeitlichen Jurameer überflutet. Das heutige Süddeutschland bestand zu der Zeit aus einem flachen Meer. In der Folgezeit entstand eine der berühmtesten Fossilfundstätten der Welt: Holzmaden. Die Fossilien, die aus den Steinbrüchen dort geborgen werden, sind außergewöhnlich gut erhalten. Dies liegt daran, dass der Sauerstoffgehalt am Meeresboden extrem niedrig war, sodass Tierkörper, die einmal dorthin abgesunken waren, nicht verwesten. Auch gab es am Meeresgrund keine Aasfresser, die die Körper zerstört hätten. Zudem war das Sediment sehr feinkörnig, sodass es leicht in die Hohlräume der Tierkadaver eindringen konnte. Weil es kaum Strömungen am Meeresgrund gab, sind die Tiere als Ganzes und unzerstört an ihrem Ort liegen geblieben.

Solnhofen – Fund zur rechten Zeit

1859 wurde das erste Exemplar des Archaeopteryx im Solnhofener Plattenkalk gefunden. Der Name bedeutet »Uralter Flügel«. Dieses Fossil brachte es als »Urvogel« zu Weltruhm, weil es Darwins Vorstellungen vom Wandel der Arten belegte. Der Fossilfund wurde nur zwei Jahre nach Darwins Buch »Entstehung der Arten« beschrieben. Archaeopteryx zeigt sowohl Merkmale von Reptilien als auch Merkmale, die für Vögel typisch sind. Archaeopteryx hatte Schwungfedern wie heutige Vögel, aber auch dinosaurierähnliche Krallen an den vorderen Gliedmaßen sowie einen bezahnten Schnabel. Unklar ist, ob Archaeopteryx sich vom Boden in die Lüfte erheben konnte oder ob er nur von Bäumen oder Klippen aus zum Gleitflug starten konnte. Bislang wurden zwölf vollständige Archaeopteryx-Fossilien entdeckt und alle stammen aus Süddeutschland.

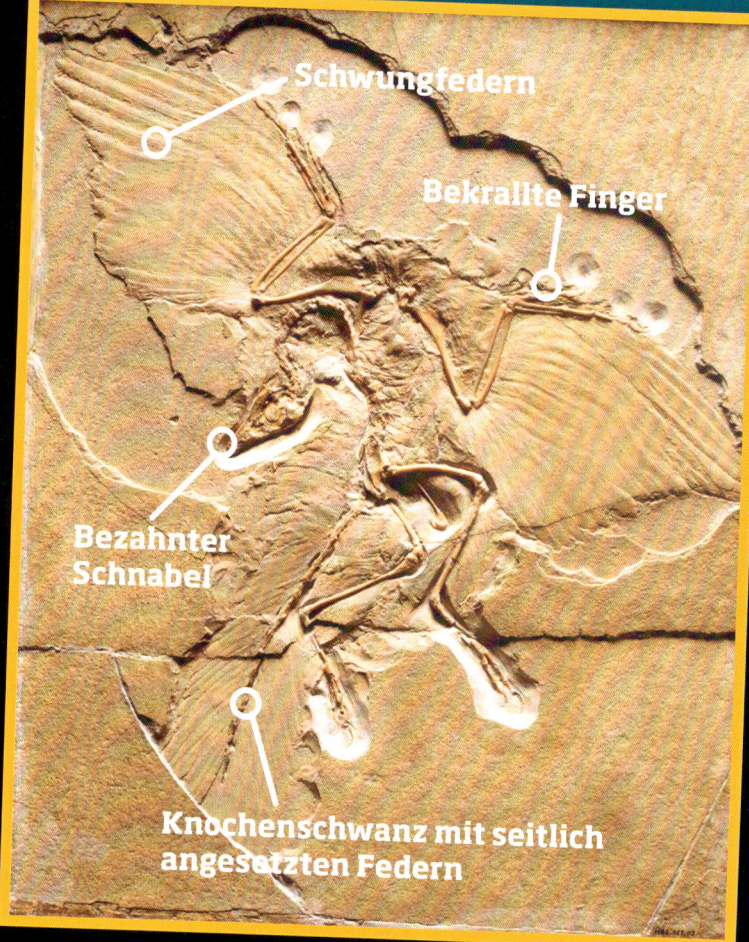

Solnhofener Superstar. Dieser nur etwa 30 Zentimeter große Archaeopteryx lebte vor 150 Millionen Jahren. Die meisten Fossilien des Archaeopteryx zeigen eine nach hinten verkrümmte Halswirbelsäule. Diese bildete sich erst nach dem Tod der Tiere aus.

Dinosaur National Monument

Wer wirklich viele fossile Dinosaurierknochen auf einem Haufen sehen möchte, sollte das Dinosaurier-Nationalmonument in den US-Bundesstaaten Utah und Colorado besuchen. Entdeckt wurde diese 800 Quadratkilometer große Dinosaurierfundstelle im Jahr 1909. In einem der Steinbrüche, dem Carnegie Quarry, sind auf kleinstem Raum an einem Hang ungefähr 1 500 Knochen zu sehen. Diese gehören zu Allosaurus, Diplodocus, Stegosaurus, Apatosaurus und Camarasaurus – alles bekannte und vor allem beeindruckend große Tiere. Die Fossilien sind 149 Millionen Jahre alt und stammen somit aus dem Jura.

Kreidezeit – Das Ende der Dinos

In den Sedimenten der Kreidezeit (vor 145 bis 66 Millionen Jahren) kann man die unterschiedlichsten Fossilien entdecken, so auch Muscheln, Schnecken und Haifischzähne - oder Belemniten, das sind die Überreste von Kopffüßern. Aus der Kreidezeit stammen auch sensationelle Fossilfunde von Dinosauriern, die bekanntesten sind Triceratops und Tyrannosaurus rex.

Der Jahrhundertfund

Für die beiden Paläontologen Sue Hendrickson und Peter Larson wurde ein Traum wahr, als sie im August 1990 in South Dakota, USA, auf die versteinerten Knochen eines T. rex stießen. Benannt wurde der Fund nach der Entdeckerin Sue. Bis dahin kannte man nur zwölf fossile Skelette eines T. rex. Sue ist das dreizehnte. Nach 17 Tagen Grabungsarbeit stellte sich heraus, dass Sue auch das vollständigste und am besten erhaltene Skelett eines T. rex ist. Das Skelett ist zu 90 Prozent komplett und nur einige kleinere Knochen fehlen. Wasser und Schlamm haben Sue nach ihrem Tod sehr schnell bedeckt, sodass Aasfresser die Knochen nicht zerstreuen und wegschleppen konnten – ein überaus seltener Glücksfall also!

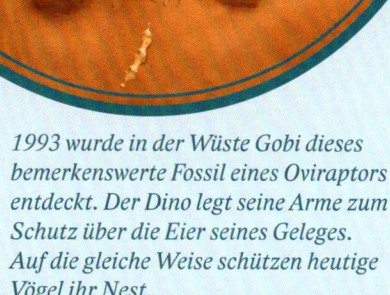

1993 wurde in der Wüste Gobi dieses bemerkenswerte Fossil eines Oviraptors entdeckt. Der Dino legt seine Arme zum Schutz über die Eier seines Geleges. Auf die gleiche Weise schützen heutige Vögel ihr Nest.

Sehr viel häufiger als T-rex-Skelette finden sich Belemniten, Meerestiere aus der Kreidezeit. Auch sie starben am Ende vor etwa 66 Millionen Jahren zusammen mit den Dinosauriern aus.

Sue Hendrickson (links) und ihr Fund: T. rex Sue (unten). Mit 13 Metern Länge und 4 Metern Höhe ist Sue das größte und vollständigste Skelett eines T. rex. Doch eines wissen die Forscher bis heute nicht: Ist Sue wirklich ein Mädchen oder doch ein Junge?

Wem gehört Sue?

Nachdem sich herausstellte, welch sensationeller Fund Sue war, entbrannte ein großer Streit darum, wem das Skelett nun gehört. Der Besitzer des Grundstücks, ein Sioux-Indianer, erhob Ansprüche auf das Fossil, obwohl die Ausgräber ihm bereits 5 000 Dollar gezahlt hatten. Weiterhin mischten sich das Indianerreservat und der Staat ein. 1992 beschlagnahmten FBI-Agenten und die Nationalgarde den Fund. Die Knochen wurden in 135 Kisten verpackt und abtransportiert. Der Fall »Sue« kam vor Gericht. Am Ende gewann der Grundbesitzer den Streit und durfte Sue verkaufen. 1997 wurde das Skelett bei dem berühmten Auktionshaus Sotheby's in New York versteigert. Den Zuschlag erhielt das Field Museum of National History in Chicago für rund acht Millionen Dollar.

Kampf auf Leben und Tod

Selten, dass Fossilien derart dramatische Momente wiedergeben. 1971 entdeckten Paläontologen in der Wüste Gobi diese beiden ineinander verkrallten Skelette. Ein Velociraptor schlingt sich um den Schädel eines Protoceratops. Die Vordergliedmaßen sind in den Nackenschild gekrallt und die Sichelkralle steckte in der Bauchhöhle. Der Protoceratops wiederum packt sich einen Arm des Angreifers. Wahrscheinlich haben sich die beiden gegenseitig tödlich verwundet. Am Ende dürfte ein Sandsturm die Körper begraben haben.

Das harte Leben eines Killers

Die fossilen Knochen von Sue erzählen eine Leidensgeschichte, denn sie hat im Laufe ihres Lebens viel einstecken müssen. Auf beiden Seiten waren Rippen gebrochen. Wer auch immer mit Sue gekämpft hat, es war wohl ein ebenbürtiger Gegner, denn Sue brachte mehr als sechs Tonnen auf die Waage. Arm- und Beinknochen waren von Infektionen betroffen und auch Rückenwirbel zeigten krankhafte Verdickungen. Im Unterkiefer sind fingergroße Löcher. Wahrscheinlich sind Trichomonaden, winzige Geißeltierchen, über Verletzungen im Maul in Sue eingedrungen und haben die Löcher in den Kieferknochen gefressen.

Das Ende der Dinos

Die jüngsten Dinosaurierfossilien sind etwa 66 Millionen Jahre alt. Ganz offensichtlich sind die Dinosaurier am Ende der Kreidezeit von der Erde verschwunden. Eine gewaltige Katastrophe musste sich ereignet haben, die alle Kontinente betroffen hat. Doch was genau damals geschehen war, dafür hatten die Wissenschaftler keine vernünftige Erklärung. Schließlich wurde eine etwa 66 Millionen Jahre alte Sedimentschicht entdeckt, die ungewöhnlich viel des Metalls Iridium enthielt. Iridium ist ein auf der Erde seltenes Element, das jedoch in Meteoriten häufiger vorkommt.

Das Inferno

Höchstwahrscheinlich wurde unser Planet damals von einem zehn Kilometer großen Meteoriten getroffen. Er schlug dort ein, wo sich heute die mexikanische Halbinsel Yucatán befindet. Beim Einschlag wurde ein riesiger Krater ausgeworfen und eine gewaltige Flutwelle raste durch alle Ozeane um die ganze Erde. Die Welle überflutete die Küstenregionen und löschte dort alles Leben aus. Außerdem wurden Staubmassen in die Atmosphäre geschleudert. Diese hielten die Sonnenstrahlung zurück und die Temperaturen sanken über Jahre hinweg. Gegen Ende der Kreidezeit kam es außerdem vermehrt zu großen vulkanischen Ereignissen. In Indien, das damals noch als Insel nach Norden driftete, quoll über viele Tausend Jahre Lava aus dem Erdinneren. Dabei gelangten Asche und Gase in die Atmosphäre, die das Klima weltweit veränderten. Der Einschlag des Meteoriten und die Folgen des Vulkanismus führten zu einem verringerten Wachstum der Pflanzen, das sich auf die gesamte Nahrungskette auswirkte. Pflanzen- wie auch Fleischfresser verhungerten. Man schätzt, dass rund die Hälfte der Tierarten ausstarb, darunter fast alle Dinosaurier. Doch aus einigen gingen die Vögel hervor, die heute als Nachfahren der Dinosaurier gelten.

Der Aufstieg der Säugetiere

Das Paraceratherium wog 15 Tonnen und war das größte Landsäugetier, das jemals auf dem Planeten gelebt hat. Bis zur Schulter maß es mehr als fünf Meter und war acht Meter lang.

Der Schädel des Paraceratheriums war 1,30 Meter lang. Im Oberkiefer sitzen beachtliche kegelförmige Hauer.

Mit dem Aussterben der Dinosaurier vor etwa 66 Millionen Jahren endet das Erdmittelalter (Mesozoikum) und es beginnt die Erdneuzeit (Känozoikum). Die Lebensräume, die einst die Dinosaurier besetzt hatten, übernahmen nun Säugetiere und Vögel.

Riesenwuchs

Schon seit der Trias gab es Säugetiere; allerdings waren diese kaum größer als Ratten und überwiegend nachtaktiv. Die wechselwarmen Säugetiere lebten dann auf, wenn die meisten Dinosaurier zur Ruhe kamen. Als die Dinosaurier ausgelöscht waren, passten sich die Säugetiere an die frei gewordenen Lebensräume an und entwickelten sich zu den unterschiedlichsten Arten. Davon waren alle Säugetiergruppen weltweit betroffen. Am Ende der Kreidezeit waren die größten Säuger nur etwa zehn Kilogramm schwer. Nun aber hatten die überlebenden Pflanzenfresser unter den Säugern reichlich Nahrung, sodass sie immer größer und schwerer wurden. Vor etwa 34 Millionen Jahren erzielten sie Körpergewichte von weit über zehn Tonnen! Besonders beeindruckend war das Paraceratherium, ein riesiger Pflanzenfresser, der mit dem Nashorn verwandt ist. Beachtlich war auch der drei Meter große und 700 Kilogramm schwere Riesennager Phoberomys pattersoni, ein Riesenmeerschweinchen – so groß wie ein Büffel. Gigantismus, wie Riesenwuchs auch genannt wird, gab es bei Pflanzenfressern wie auch bei Fleischfressern. Die Evolution brachte den furchterregenden Andrewsarchus hervor, das größte räuberische Landsäugetier, das je auf der Erde lebte. Auch spielten die Größe des zur Verfügung stehenden Territoriums und

Riesensäuger

Paraceratherium (1) war der größte Nashornverwandte. Das ebenfalls zur Gattung der Nashörner gehörende Elasmotherium (2) dürfte vor 50 000 Jahren ausgestorben sein. Die heute lebenden Verwandten sind alle kleiner: Breitmaulnashorn (3), Indisches Panzernashorn (4), Spitzmaulnashorn (5) und Sumatra-Nashorn (6).

das Klima eine wichtige Rolle bei der Entwicklung hin zu immer größerer Tierarten. Als sich mit der Verschiebung der Kontinentalmassen die Meeresströmungen veränderten und damit auch der globale Wärmetransport, begann sich das Klima der Erde abzukühlen. Nun waren kleinere Tierarten wieder im Vorteil. Sie hatten weniger Nahrungsbedarf und damit die besseren Überlebenschancen.

Planet der Primaten

In der Erdneuzeit entwickelte sich auch eine Säugetiergruppe, die für uns Menschen von großer Bedeutung ist: die Primaten. Die frühesten Vorfahren der Primaten dürften eher wie Mäuse oder Eichhörnchen ausgesehen haben. Aus ihnen entwickelten sich niedere Primaten wie die Lemuren und höhere Primaten, zu denen Affen, Menschenaffen und der Mensch selbst zählen. Einer der ältesten Vorfahren ist Dinomys, ein mausgroßer Primatenvorfahr, oder Purgatorius. Deren Skelette verraten, dass beide hervorragende Baumkletterer waren und so an Nahrung kamen, die anderen Tieren nicht zugänglich war. Dies war der Anfang einer Erfolgsgeschichte der Evolution, an deren vorläufigem Ende heute der Mensch steht.

◄ Heute lebender Verwandter

Riesennager mit Riesenbeißern
Der größte fossile Nagerschädel wurde in Uruguay gefunden. Das Nagetier trägt den Namen Josephoartigasia monesi und hat wahrscheinlich eine Tonne gewogen. Es gehörte zur Familie der Dinomyidae (»Schreckliche Mäuse«) und hat vor zwei bis vier Millionen Jahren in den Sumpfwäldern Südamerikas gelebt.

Schrecklich großer Jäger
Von Andrewsarchus kennt man nur den einen Meter langen Schädel mit seinem massiven Kiefer. Der Fleischfresser könnte wolfsähnlich ausgesehen haben und war möglicherweise vier Meter lang. Alter des Fossils: 41 bis 46 Millionen Jahre.

In den Bäumen zu Hause
Paläontologen haben in Montana, USA, die 65 Millionen Jahre alten fossilen Knöchelchen eines frühen Vorfahren der Primaten gefunden. Das Tier namens Purgatorius war ähnlich groß wie ein Eichhörnchen und in den Bäumen zu Hause. Das Fossil wurde mit Röntgenstrahlen bis in die feinsten Details abgetastet und das Skelett dreidimensional im Computer dargestellt. Besonders interessierten sich die Forscher für Einkerbungen an den Fuß- und Handknochen. Diese zeigen, wo die Muskeln ansetzten und wie beweglich die Gelenke waren. Die Tiere konnten ganz offensichtlich ihre Knöchel rotieren lassen – eine wichtige Voraussetzung, um geschickt Zweige zu umfassen oder mit abgespreizten Füßen Halt in den Bäumen zu finden. Seine kleinen Zähnchen verraten zudem, dass es sich dort von Früchten und Insekten ernährte.

Tiefgefroren aus der Eiszeit
Im Permafrostboden Sibiriens haben sich Wollhaarmammute sogar mit Weichteilen erhalten. Das Wollhaarmammut lebte bereits vor 150 000 Jahren und ist vor rund 10 000 Jahren verschwunden. Als Zwergform haben Mammute bis vor 4 500 Jahren auf der nordsibirischen Insel Wrangel überlebt.

Känozoikum – Erdneuzeit

Fundgrube Messel. Die wasserhaltigen Ölschieferplatten dürfen nicht austrocknen und werden deswegen feucht gelagert. Um die empfindlichen Fossilien dauerhaft zu präparieren, wird im Labor das Wasser durch Glycerin oder Kunstharz ersetzt.

Fundstätten der Erdneuzeit

Sogar die schillernde Chitinhülle dieses Käfers ist erhalten.

Fossilien der Erdneuzeit finden sich an zahlreichen Stellen auf der ganzen Welt. Doch zwei sind besonders ergiebig: die Grube Messel in Deutschland und die La-Brea-Asphaltgruben in Kalifornien.

Grube Messel

In der Grube Messel nahe bei Darmstadt wurde ab Mitte des 19. Jahrhunderts Ölschiefer industriell abgebaut. Als der Betrieb 1971 eingestellt wurde, sollte aus der Grube eine Mülldeponie werden. Doch besorgte Bürger und Wissenschaftler kämpften dagegen, dass unersetzliche Naturschätze unter Hausmüll begraben wurden. Heute ist die Grube Messel Weltnaturerbe, ebenso wie der berühmte Yellowstone-Nationalpark in den USA mit seinen Geysiren oder der Serengeti-Nationalpark in Tansania mit den großen Tierwanderungen.

Tropisches Tierparadies

Und so entstand die Grube Messel: Vor 47 Millionen Jahren traf aufsteigendes heißes Magma auf das Grundwasser. Dabei kam es zu einer Wasserdampfexplosion, bei der ein runder Krater ausgeworfen wurde. Die Explosionsmulde füllte sich mit Wasser. Dieser Maarkratersee lag damals südlicher als heute, etwa auf der Höhe Neapels. Zudem war das Klima weltweit deutlich wärmer. Es herrschten tropische Temperaturen und um den Messeler Maarsee erstreckte sich eine immergrüne, dicht bewaldete Tropenlandschaft. Über die nächsten zwei

Der Experte sieht, dass diese Schlange eine Eidechse gefressen hat und diese ein Insekt.

Das Fossil eines Doppelhundzahn-Krokodils. Man sieht deutlich die Hornschuppen auf dem Rücken.

Urpferdchen
Dieses Urpferdchen war nur so groß wie ein Foxterrier. Bei einigen der über 70 Urpferdchenfossilien wurden im Magen Weintraubenkerne entdeckt.

Uräffchen
Ida ist ein früher Primat und wurde in der Grube Messel gefunden. In dem Fossil sind neben den Knochen auch Weichteile und Haare erhalten. Mit Röntgenstrahlen kann man in das Sediment hineinsehen.

Millionen Jahre haben sich Sedimente abgesetzt und der See ist allmählich versandet. In die Sedimentschichten wurde ein Großteil der damaligen Pflanzen- und Tierwelt eingeschlossen. Im See lebten Krokodile wie der bis zu vier Meter lange Asiatosuchus. Dieser Räuber fraß unter anderem Frösche, Schildkröten und Knochenfische. An den Ufern, die mit Palmen, Farnen und Lianen dicht bewachsen waren, schlängelten sich träge Riesenschlangen. Im dichten Wald zupften kleine Urpferdchen Blätter von den Sträuchern. Dort lebten auch Urstrauße, Flamingos und ein mehr als zwei Meter großer Kranichvogel mit Namen Gastornis. Er war zu schwer, um fliegen zu können.

Mit Haut und Haar

Bei vielen Fossilien der Grube Messel sind sogar Hautschatten, Haare und Federn zu erkennen. Der Grund für den guten Erhaltungszustand der Fossilien ist die große Tiefe des Sees. Er war nur einen Kilometer breit, aber beachtliche 1 450 Meter tief, sodass sich das Wasser kaum vermischte. Eine warme Wasserschicht lag stabil über einer kalten Schicht. Tief unten herrschte somit Sauerstoffmangel und nur anaerobe Mikroorganismen konnten dort existieren. So wurden herabsinkende Tierkadaver und Pflanzen kaum zersetzt. Die gut erhaltenen Fossilien zeichnen ein vollständiges Bild eines Tropenwaldes mitten in Deutschland.

La Brea Tar Pits

Mitten in der Millionenstadt Los Angeles tritt flüssiger Asphalt aus dem Boden. Vor 40 000 bis 10 000 Jahren waren die Teergruben eine tödliche Falle für eiszeitliche Tiere wie den elefantenähnlichen Mastodon, die Säbelzahnkatze Smilodon und das bis zu 1,80 Meter lange Riesenfaultier. Aber auch Mikrofossilien wie Insekten und Mäusezähne sind erhalten. Bisher wurden insgesamt mehr als 100 Tonnen Fossilien geborgen. Die Fossilfundstätte wurde zufällig 1915 bei Bauarbeiten entdeckt und brachte bis heute mehr als 650 verschiedene Tier- und Pflanzenarten zutage.

Homininen-Fossilien – Wie alles begann

Die spektakulärsten Fossilfunde sind zweifelsfrei die von Homininen, also des Menschen und seiner nächsten Verwandten. Werden Homininen-Fossilien gefunden und noch dazu möglichst vollständige Skelette, dann werden diese Fossilien oft weltberühmt, wie Lucy. Dieses Skelett eines Australopithecus afarensis wurde 1974 in Äthiopien entdeckt. Meist finden sich jedoch nur Zähne und verstreute Bruchstücke versteinerter Knochen. Paläoanthropologen setzen diese Stücke zusammen und erhalten so aus Hunderten von Teilen einen nahezu kompletten Schädel. Heute werden die Fragmente dreidimensional eingescannt und können dann mithilfe des Computers präzise zusammengefügt werden, ohne dass die unersetzlichen Originale beschädigt werden.

Was Fossilien erzählen

Homininen-Fossilien verraten viel über Ernährung und Lebensweise unserer Vorfahren. Mit jedem neuen Fossilfund wird die evolutionäre Entwicklung genauer nachgezeichnet. Ein entscheidender Schritt auf dem Weg zur Menschwerdung war die Entwicklung des aufrechten Ganges. Dass die Australopithecinen aufrecht gehen konnten, beweisen sowohl die Fossilien selbst als auch 3,6 Millionen Jahre alte fossile Fußspuren, die in Laetoli in Tansania entdeckt wurden. Das aufrechte Gehen auf zwei Beinen machte ein Leben in der offenen Savanne erst möglich und wurde seitdem weiter perfektioniert. Aber auch die Hände wurden immer geschickter. Vor etwa 2,8 Millionen Jahren betrat mit dem Homo rudolfensis die Gattung Homo (Mensch) die Bühne. Die Hände und das immer größer werdende Gehirn nutzten die Mitglieder der Gattung Homo, um Werkzeuge aus Holz, Knochen und Stein herzustellen. Die frühesten primitiven Steinwerkzeuge werden Homo rudolfensis (Mensch vom Rudolfsee, heute Turkanasee) und Homo habilis (geschickter Mensch) zugesprochen. Schnittspuren an fossilen Tierknochen deuten auf die Verwendung von Steinmessern hin. Der Junge von Nariokotome, der

Ardipithecus ramidus fühlte sich in den Bäumen sicher.

Das Skelett zeigt sowohl Merkmale von Schimpansen als auch von Homininen, die aufrecht auf zwei Beinen gehen.

Die berühmte Lucy ist ein Australopithecus afarensis und wurde 1974 in Äthiopien entdeckt. In Tansania wurden Fußspuren freigelegt, die dem A. afarensis zugeschrieben werden.

Paranthropus aethiopicus lebte vor 2,3 bis 2,8 Millionen Jahren und ist kein Vorfahr des Menschen, sondern eine ausgestorbene Seitenlinie der Homininen. An dem ausgeprägten Knochenkamm auf dem Schädeldach setzten ungewöhnlich starke Muskeln an. Wahrscheinlich kaute er mit seinen massiven Backenzähnen Gräser.

auch unter dem Namen »Turkana Boy« bekannt ist, wird der Art Homo ergaster (Arbeiter-Mensch) zugeordnet. Er lebte vor 1,5 Millionen Jahren am Westufer des heutigen Turkanasees im Norden Kenias. Sein Skelett verrät, dass er ein schneller Läufer und ein geschickter Handwerker gewesen sein muss.

Die Auswanderer

Alle Homininen-Fossilien, die älter als 1,9 Millionen Jahre sind, stammen ausschließlich aus Afrika. Die ältesten Funde sind zwischen 6 und 7 Millionen Jahre alt und wurden im Tschad entdeckt. Die anderen Funde stammen aus Kenia, Äthiopien, Tansania, Malawi und Südafrika. Deshalb wird Afrika auch als Wiege der Menschheit bezeichnet. Dort entwickelten sich die Homininen, bis schließlich der Homo erectus (aufrechter Mensch) seine Urheimat verließ und zunächst nach Asien und Europa gelangte. Natürlich hat der Homo erectus seine Reise nicht geplant. Wir müssen uns das so vorstellen, dass sich diese Menschen von Generation zu Generation immer neue Plätze zum Leben gesucht haben. Sie gingen dorthin, wo es Wasser und genug zu essen gab. Die ältesten Fossilien von Homo erectus, die außerhalb Afrikas gefunden wurden, sind 1,85 Millionen Jahre alt und wurden in Dmanissi in Georgien entdeckt. Aus diesen Auswanderern konnten sich neue lokale Homininen-Formen bilden, so der Heidelberg-Mensch in Europa und der Peking- und der Java-Mensch in Asien. Doch eine andere Menschenform eroberte sogar den ganzen Planeten: der moderne Mensch.

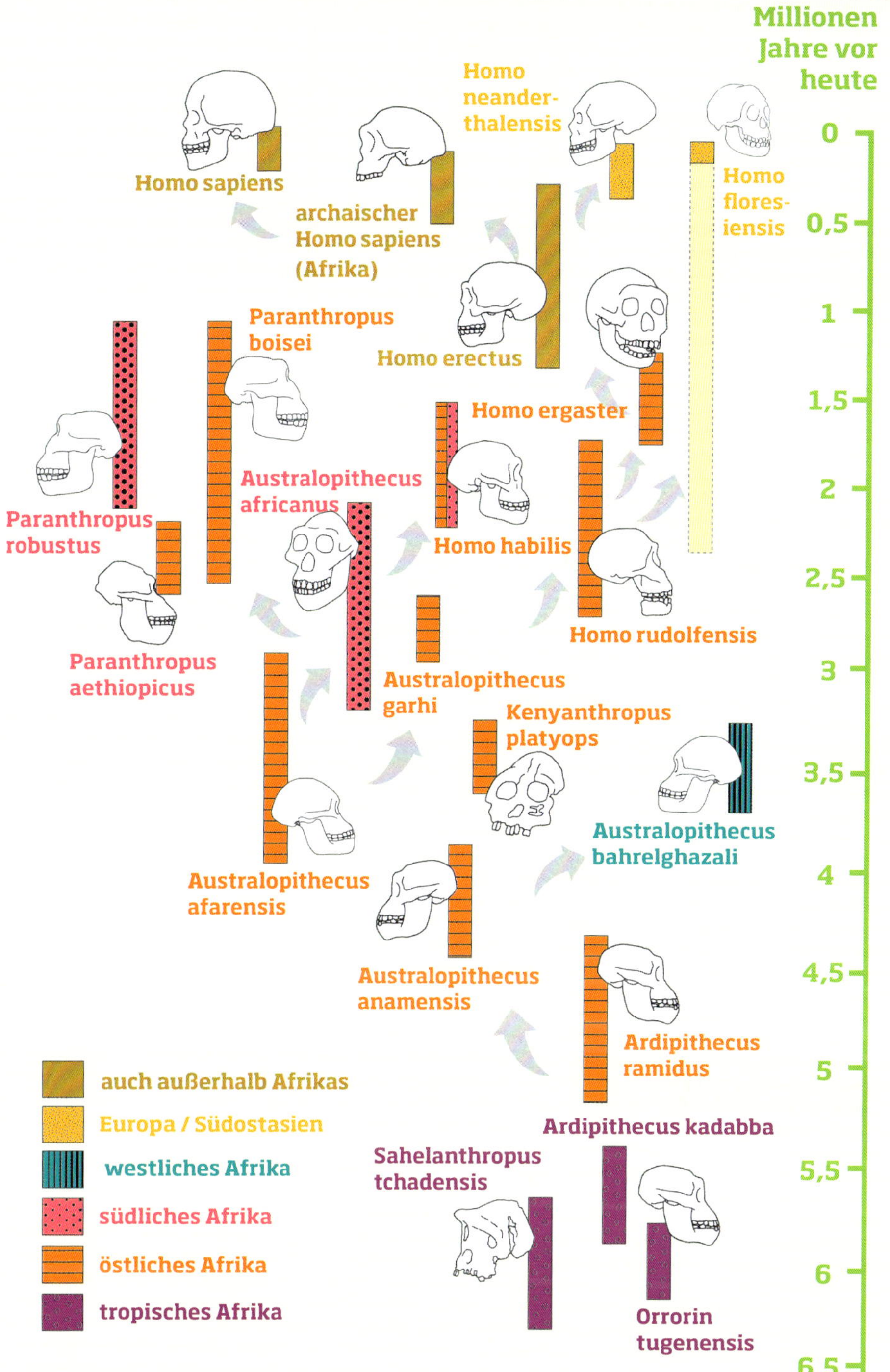

➤ Schon gewusst?

Die Homininen umfassen die Gattungen Homo einschließlich der heute lebenden Menschen, Paranthropus, Australopithecus, Kenyanthropus, Ardipithecus, Sahelanthropus und Orrorin. Zu den Hominiden zählen außerdem Gorilla, Orang-Utan und Schimpansen sowie deren direkte Vorfahren.

Dieser Homininen-Stammbaum ist nur ein Modell von vielen denkbaren. Er hilft, die Verwandtschaftsbeziehungen zu verstehen.

Legende:
- auch außerhalb Afrikas
- Europa / Südostasien
- westliches Afrika
- südliches Afrika
- östliches Afrika
- tropisches Afrika

Für diese Rekonstruktion des Homo rudolfensis wurde ein Abguss des fossilen Schädels mit Muskeln, Fett und Haut ergänzt. Wie stark behaart der Homo rudolfensis war und welchen Bart er trug, entstammt ganz der Fantasie des Künstlers.

Neandertaler und moderner Mensch

Wahrscheinlich war der Neandertaler hellhäutig, denn nur wenig pigmentierte Haut kann in höheren Breiten ausreichend lebenswichtiges Vitamin D erzeugen.

Der erste fossilisierte Urmensch, der entdeckt wurde – und wohl auch der berühmteste Hominine – ist der Neandertaler. Er dürfte sich in Europa aus dem Heidelberg-Menschen entwickelt haben. Der Neandertaler war eine sehr erfolgreiche Menschenart und lebte vor 300 000 bis etwa 30 000 Jahren in Europa und im Nahen Osten. Als Jäger und Sammler hat er mehrere Wechsel von Kalt- und Warmzeiten überlebt. Der Neandertaler lebte in Gruppen und hielt sich in Lagern mit Feuerstellen und Werkplätzen auf. Er stellte neben Werkzeugen und Waffen auch Schmuck her. Die archäologischen Funde belegen, dass er über eine eigenständige Kultur verfügte. In einem Neandertaler-Grab fanden die Forscher fossile Blumenpollen. Sie schlossen daraus, dass der Leichnam für die Bestattung mit Blumen geschmückt worden war. Vielleicht aber waren die Pollen auch nur zufällig vom Wind ins Grab geweht worden. Außerdem zeigen schwere verheilte Verletzungen bei Neandertalern, dass sich die Gemeinschaft um ihre Mitglieder gekümmert hat. Manche Knochen weisen Schnittspuren auf, die darauf hindeuten, dass Neandertaler ihre Toten möglicherweise mit Steinmessern zerlegt haben. Es könnte sich dabei um Bestattungsriten handeln, etwa um rituellen Kannibalismus. Natürlich sind das alles nur Spekulationen. Wie sich Neandertaler miteinander verständigten, das verraten die Fossilien nicht. Wir können nur vermuten, dass er so etwas wie eine Sprache hatte. Er kam wohl sehr gut mit den Verhältnissen der Eiszeit zurecht und dennoch existiert er heute nicht mehr.

Der Neue kommt

Während der Neandertaler in Europa und im Nahen Osten wiederholt Kalt- und Warmzeiten der Eiszeit überstand, hatte sich in Afrika eine neue Menschenart entwickelt, der Homo sapiens, auch »moderner Mensch« genannt. Der Homo sapiens tauchte vor knapp 200 000 Jahren in Afrika auf. Vor etwa 100 000 Jahren verließ er seinen Heimatkontinent. Er breitete sich über die ganze Welt aus, besiedelte zunächst Europa und Asien. Später gelang ihm der Sprung nach Australien und nach Amerika. Dass er selbst Australien besiedeln konnte, zeigt, dass er auch Wasserfahrzeuge kannte. Wo auch immer er hinkam, verdrängte er lokale Menschen-

Was für Augenwülste!
1856 entdeckten Arbeiter in einer Höhle im Neandertal bei Düsseldorf diese Knochen. Anfangs war unklar, ob es sich um einen Höhlenbären, einen französischen Soldaten oder doch um einen Urmenschen handelte. Dieser Fund gab einer neuen Menschenart den Namen: Homo neanderthalensis.

In Qafzeh, einer Höhle in Israel, wurde dieses Grab eines frühen Homo sapiens entdeckt. Vor 100 000 Jahren wurde diese junge Frau zusammen mit einem Kind bestattet.

formen, so auch den Neandertaler. Wahrscheinlich war der moderne Mensch dem Neandertaler in einigen wichtigen Fähigkeiten überlegen. Andererseits scheint es einen kulturellen Austausch gegeben zu haben. Jedenfalls kam es zu näheren Kontakten der beiden Menschenformen.

Fossiles Erbgut

Der Vergleich von fossilem, jahrtausendealtem Erbgut ermöglicht, die Verwandtschaftsverhältnisse zu bestimmen. Das Erbmaterial aus einem 30 000 Jahre alten Knöchelchen eines Fingers, das in der Denissowa-Höhle in Sibirien gefunden wurde, zeigt, dass sich der moderne Mensch mit ursprünglicheren Menschenformen vermischt hat. Auch konnte Erbgut, sogenannte DNA, aus Neandertalerknochen gewonnen und mit Erbgut heute lebender Menschen verglichen werden. Das Ergebnis: Die DNA moderner Europäer und Asiaten stimmt in ein bis vier Prozent mit der des Neandertalers überein. Moderne Afrikaner hingegen zeigen keine Übereinstimmung mit dem Neandertaler. Dies belegt, dass zumindest in einigen Fällen außerhalb Afrikas Neandertaler und Homo sapiens gemeinsam Kinder hatten. Während zu früheren Zeiten mehrere Homininen-Arten nebeneinander lebten, existiert heute nur noch der Homo sapiens, zu dem alle sieben Milliarden Menschen zählen.

In der Liang-Bua-Höhle auf der Insel Flores wurden Schädel und Knochen einer auffallend kleinen Menschenart entdeckt.

Spitzname »Hobbit«

Auf der indonesischen Insel Flores entdeckten Forscher 2003 die 100 000 bis 60 000 Jahre alten Überreste eines bemerkenswert kleinen Homininen. Die Weibchen des Homo floresiensis waren nur 1,10 Meter groß. Der Flores-Mensch hatte einen extrem kleinen Kopf, dessen Gehirnvolumen etwa dem eines Australopithecus entspricht. Der Schädel mit ausgeprägten Augenwülsten ähnelt dem eines Homo erectus, während der Rest des Skeletts auch Merkmale des modernen Menschen zeigt. Einige Wissenschaftler vermuten, dass der Flores-Mensch ein moderner Mensch war, der an krankhafter Kleinwüchsigkeit litt. Andere Forscher sind überzeugt, dass es sich um eine eigene Art handelt, die sich aus einer älteren Urmenschenform entwickelt hat, der es bereits früh gelungen war, über das Meer auf die Insel Flores zu gelangen. Es könnte sich um den Homo erectus gehandelt haben, aber auch Homo habilis und sogar Australopithecinen werden diskutiert. In der Abgeschiedenheit der Insel hätte sich daraus dann eine eigenständige kleine Art entwickeln können. Man weiß von Elefanten, Mammuts oder Dinosauriern, die auf eine kleine Insel gelangten und von da an nicht mehr von Fressfeinden bedrängt wurden, dass ihre Größe über Generationen hinweg abnahm. Homo floresiensis könnte ein solcher Fall von Inselverzwergung sein. Der »Hobbit« zeigt, wie schwierig die Interpretation von Fossilfunden ist.

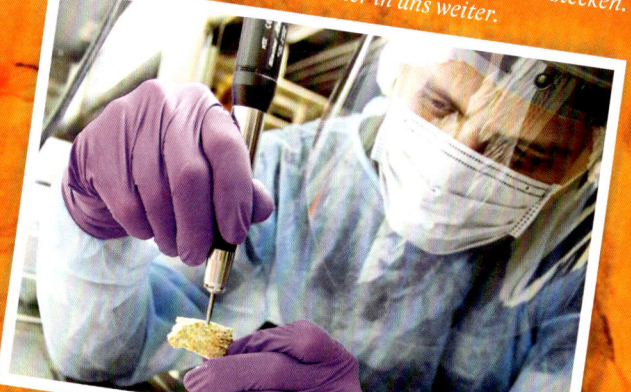

Aus den fossilen Knochen von Neandertalern konnte Genmaterial isoliert werden. Der Vergleich mit modernen Menschen zeigt, dass in vielen von uns auch Neandertalergene stecken. So gesehen lebt der Neandertaler in uns weiter.

Die kleinste bekannte Menschenart. Die Fossilien des Flores-Menschen stellen Forscher wie Chris Stringer vor große Rätsel.

Känozoikum – Erdneuzeit

Interview mit ollen Knochen

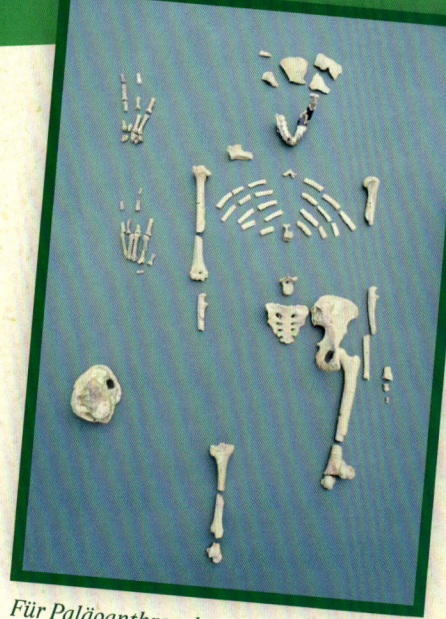

Für Paläoanthropologen ist Lucy ein nahezu vollständiges Skelett. Viele Knochen können nämlich gespiegelt werden.

Unser Reporter hat sich mit Lucy und Quasti, zwei weltberühmten und hochinteressanten Fossilien, getroffen und sie nach den letzten paar Millionen Jahren befragt. Die beiden haben so einiges erlebt und sind – wir ahnen es schon – unterschiedlicher Ansicht, wer denn nun das wichtigere und bedeutendere Fossil ist. Wir dürfen also gespannt sein, was sie uns zu sagen haben.

Ich darf Sie herzlich begrüßen, Lucy. Sie sind weltberühmt und – wie soll ich sagen – eine überaus zierliche Afrikanerin.

Lucy: Sagen Sie es doch gleich! Sie halten mich für einen Zwerg! Für einen laufenden Meter. Aber nur, dass Sie das wissen: Ich habe vor über drei Millionen Jahren schon auf zwei Beinen stehen und gehen können. Was bin ich damals gelaufen, vor allem wenn mal wieder so ein Feuerberg Rabatz gemacht hat.

Das ist in der Tat eine Leistung. Aber warum tun Sie das eigentlich, Lucy?

Lucy: Weil ich es kann und weil ich dann beide Hände frei habe. Wenn ich möchte, kann ich nebenher etwas essen oder mich am Popo kratzen, wenn es mal juckt. So was kommt ja hin und wieder auch vor.

Das eröffnet natürlich ganz neue Möglichkeiten. Nächste Frage. Schon mal daran gedacht, dass Sie früher einmal ein Fisch waren?

Lucy: Das ist ja wohl etwas weit hergeholt, nicht?

Finden Sie? Als Wirbeltier haben Sie sich in der Tat von den Fischen abgespalten.

Lucy: Echt? Das ist wirklich voll krass!

Fragen wir doch unseren nächsten Gast, den Quastenflosser. Wie stehen Sie zu Fischen?

Quasti: Ich kann mir kein anderes Leben vorstellen. Das Wasser ist so erfrischend und so herrlich nass. Und man kann darin schwerelos abhängen.

In Äthiopien nennt man mich Kinknesh. Das heißt »Du Wunderbare«. Nicht schlecht, was!

In der Savanne war Lucy zu Hause. Aufrecht gehend konnte sie nahende Gefahren rechtzeitig erkennen. Dann ging es hoch in die Bäume.

Name: Australopithecus afarensis, Lucy
Größe: 1,05 Meter
Zuhause: Ostafrika
Hobbys: gucken, was los ist, und am Podex kratzen
Stärken: zweibeinig laufen und das spitzenmäßig

Lange kannte man nur Fossilien von dem Fisch mit den seltsamen Flossen und hielt ihn für ausgestorben.

Name: Quastenflosser, Quasti
Größe: bis zu 1,80 Meter
Zuhause: Meer
Hobbys: in der Tiefe abhängen
Stärken: Beharrlichkeit

Schon mal daran gedacht, an Land zu gehen?

Quasti: So eine Quatschidee aber auch! Ich glaube, das ist ein Schritt in die falsche Richtung. Und das auf nur zwei Beinen. Wie leicht man da umfällt. Nenene!
Lucy: Wie gesagt, man hat die Hände frei. Denk doch mal dran, was da alles möglich ist.
Quasti: Um sich am Hintern zu kratzen? Wie schräg ist das denn?!

Aufrechter Gang – also nee. Ich sag' da nur blubb-blubb!

Sprechen wir doch mal über das Fossilisieren. Wie ist das denn so, Lucy?

Lucy: So im Sediment rumliegen und spüren, wie die Knochen immer schwerer werden? Mit der Zeit wird das schon fade.
Quasti: Das Äffchen soll sich nicht so haben …
Lucy: Von wegen Äffchen! Ich bin der Anfang von etwas ganz Wunderbarem, der Menschwerdung.

Es gibt Quastenflosser also schon länger als die Dinosaurier. Das ist in der Tat beachtlich.

Quasti: Ich bin nun mal ein Erfolgsmodell! Bei mir muss nichts mehr verändert werden.
Lucy: Aber ich kann hopsen und laufen und auf einem Bein stehen, wenn ich möchte.
Quasti: Ich kann dafür länger unter Wasser bleiben.
Lucy: Und ich kann Bananen essen.
Quasti: Bananen? Kenne ich nicht. Ist doch nur wieder so ein neumodischer Quatsch.

So wie ich Lucy verstanden habe, ist sie stolz auf die Entwicklung, die sie mitangestoßen hat. Wie sieht es bei Ihnen aus, Quasti? Was halten Sie von Fortschritt, Entwicklung und von Evolution?

Quasti: Ich bin perfekt, ich muss mich nicht entwickeln. Ich bin schon so, seit ich denken kann.
Lucy: Das kann ja nicht so lange her sein.
Quasti: Mich gibt es schon seit über 400 Millionen Jahren. Ich bin ein lebendes Fossil. Also, ich bleib' so, wie ich bin!
Lucy: Einmal Fisch, immer Fisch. Wie langweilig!

Ich denke, an dieser Stelle sollten wir dieses höchst informative Gespräch beenden.

Lucy: Ich möchte noch dringend was sagen … Du Fischkopp! Das war's auch schon.
Quasti: Bei dir fehlen ja ein paar Teile im Gerippe. Guck dich doch mal an! So wie du aussiehst, kannst du ja nicht mal auf einer Geisterbahn arbeiten.

Mit dem deutschen Tauchboot »Jago« wurden Quastenflosser erstmals in ihrem Lebensraum beobachtet.

Danke für diese abschließenden Worte. Vielen Dank, Lucy. Danke auch Ihnen, Quasti. Also ne, Fossilien sind das …

Glossar

Lebendes Fossil. Dieser heute lebende Pfeilschwanzkrebs unterscheidet sich kaum von den Fossilien aus dem Erdmittelalter.

Ära: Längerer Zeitraum auf der geologischen Zeittafel, der mehrere Perioden zusammenfasst. Die Ära des Mesozoikums (Erdmittelalters) teilt sich auf in die Perioden Trias, Jura und Kreide.

Ammonit: Ausgestorbene Gruppe von Kopffüßern mit einem spiralförmigen Gehäuse.

Amphibien: Glatthäutige, wechselwarme Tiere, die an Land und im Wasser leben.

Art: Lebewesen einer Art können sich miteinander fortpflanzen. Ähnliche Arten gehören einer gemeinsamen Gattung an.

Bernstein: Fossiles Baumharz.

Dinosaurier: Gruppe von Reptilien, die vor etwa 230 Millionen Jahren auftraten und vor 66 Millionen Jahren ausstarben.

Erosion: Zerstörende und abtragende Wirkung von Eis und Wind sowie fließendem Wasser an der Erdoberfläche.

Evolution: Prozess, bei dem sich die Lebewesen im Laufe längerer Zeitabschnitte so verändern, dass sich neue Arten bilden.

Fossil: Mindestens 10 000 Jahre alte Überreste und Spuren von Lebewesen aus früheren Epochen der Erdgeschichte.

Gattung: Gruppe von miteinander verwandten und sich ähnelnden Arten. Mehrere Gattungen werden zu einer Familie zusammengefasst.

Kambrische Explosion: Extrem schnelle Entwicklung neuer Tiergruppen zur Zeit des Kambriums.

Koprolith: Fossilisierter Kot.

Lebendes Fossil: Art, die sich im Lauf von Jahrmillionen kaum verändert hat.

Leitfossil: Häufig vorkommendes Fossil, das für eine bestimmte Zeitspanne der Erdgeschichte typisch ist. Mit Leitfossilien ist eine Altersbestimmung von Gesteinsschichten möglich.

Massenaussterben: Ereignis, bei dem eine große Anzahl von Arten verschwindet.

Mesozoikum: Erdmittelalter. Zeitraum vor 252 bis 66 Millionen Jahren, auch als Zeitalter der Dinosaurier bekannt.

Paläontologie: Wissenschaft von den Lebewesen vergangener Erdzeitalter.

Paläozoikum: Erdaltertum. Zeitraum vor 542 bis 252 Millionen Jahren. In dieser Ära entwickelten sich viele große Tier- und Pflanzengruppen.

Pangäa: Superkontinent, der sich im Karbon bildete und im Jura begann auseinanderzubrechen.

Präkambrium: Die Zeitspanne von vor 4 Milliarden Jahren bis zum Beginn des Kambriums vor 542 Millionen Jahren. In dieser Zeit entwickelte sich das Leben, es bildeten sich Einzeller und gegen Ende einfachere Vielzeller.

Primaten: Tiergruppe, zu denen Halbaffen, Affen, Menschenaffen und der Mensch zählen.

Sediment: Feinkörniges Material, das auf den Grund eines Sees oder Meeres sinkt und tote Pflanzen und Tiere einschließt.

Sedimentgestein: Gestein, das entsteht, wenn Sediment über lange Zeit zusammengepresst wird, wie z.B. Kalkstein.

Spurenfossilien: Spuren, die auf die Existenz eines Tieres hinweisen. Dazu zählen Wohnröhren von Würmern, Fußspuren und Koprolithen.

Stromatolithen: Bis zu einem Meter große knollige Gebilde, die von Cyanobakterien aufgebaut werden.

Torf: Dunkelbraunes, organisches Material, das entsteht, wenn sich in Sümpfen und Mooren Pflanzenreste zersetzen.

Versteinerung: Vorgang, bei dem organisches Material wie Holz, Knochen oder Horn durch mineralische Stoffe ersetzt wird.

WAS IST WAS Band 69

Bildquellennachweis: Archiv Tessloff: 46ul, 47or; **Baur, Manfred:** 4ol, 4ul, 4or, 4-5Hg., 5om, 5mr, 5ul; **Bridgeman Images:** 10u (Oxford University Museum of Natural History, UK); **Corbis:** 3mr (Iain Masterton/incamerastock), 7ul (Louie Psihoyos), 7ml (Colin Varndell/Nature Picture Library), 9ol (Sergei Cherkashin/Reuters), 11ml (Lynn Johnson/National Geographic Creative), 15ul (Louie Psihoyos), 16or (PETER SCOONES/Science Photo Library), 17m (Jonathan Blair), 20or (RebeccaAng/RooM The Agency), 21or (Visuals Unlimited), 22-23Hg. (Frans Lanting), 26ol/27ol (Colin Keates/Dorling Kindersley Ltd.), 27ul (Walter Myers/Stocktrek Images), 28mr (Kevin Schafer), 30o (Sergey Krasovskiy/Stocktrek Images), 30mr (Richard T. Nowitz), 30ur (Lester V. Bergman), 32om (LEONELLO CALVETTI/Science Photo Library), 32u (Louie Psihoyos), 33ur (Louie Psihoyos), 34o (Louie Psihoyos), 35or (Louie Psihoyos), 35ul (Louie Psihoyos), 36or (Louie Psihoyos), 36ul (Reuters), 37om (Louie Psihoyos), 37Hg. (Jan Sovak/Stocktrek Images), 38ol (Walter Myers/Stocktrek Images), 41ol (Carola Vahldiek/imageBROKER), 41ur (Brian Cahn/ZUMA Press), 42ul (Christophe Boisvieux), 42mr (HO/Reuters), 42m (HO/Reuters), 44-45Hg. (Tino Soriano/National Geographic Creative), 44mr (Science Photo Library), 44or (Iain Masterton/incamerastock), 46or (Alain Nogues/Sygma), 47um (Uli Kunz/National Geographic Creative); **FOCUS Photo- und Presseagentur:** 23m (Richard Bizley/Science Photo Library), 44u (PASCAL GOETGHELUCK/SCIENCE PHOTO LIBRARY); **Getty:** 1 (Greg Dale), 2ul (Mint Images - Frans Lanting), 3ol (Field Museum Library/Kontributor), 3ml (Heraldo Mussolini/Stocktrek Images), 3um (David Parsons), 6m (De Agostini Picture Library), 7m (Science & Society Picture Library/Kontributor), 11ur (Dorling Kindersley), 12o (Gamma-Rapho), 12ur (Scott Olson/Getty Images Europe), 15ml (Tausendfüßer: John Cancalosi/Photolibrary), 16mr (Wild Horizons/UIG), 17ol (DeAgostini), 18ol (DEA PICTURE LIBRARY), 19ol (Wild Horizons/UIG), 22ml (Mint Images - Frans Lanting), 25m (O. Louis Mazzatenta/Kontributor), 27ml (Field Museum Library/Kontributor), 27mr (Field Museum Library/Kontributor), 29u (Spencer Sutton), 31um (Heraldo Mussolini/Stocktrek Images), 31ur (Field Museum Library/Kontributor), 33or (DEA PICTURE LIBRARY), 33ul (David Parsons), 36ml (JOHN ZICH/Freier Fotograf), 39om (AFP/Freier Fotograf), 39or (AFP/Freier Fotograf), 39mr (Dorling Kindersley), 39ur (Sovfoto/Kontributor), 42u (Kenneth Garrett), 47ol (Wild Horizon/Kontributor); **mauritius images:** 24om (Alamy), 33o (Alamy), 39ml (Alamy), 42or (Alamy), 45or (Alamy); **Nature Picture Library:** 2or (Adrian Davies), 6ul (Jack Dykinga), 14l (Jose B. Ruiz), 17m (Angelo Giampiccolo), 17or (Adrian Davies), 24um (John Cancalosi); **picture alliance:** 6mr (Bildagentur-online/Saurer), 6ur (ep/AFP/dpa-Fotoreport), 10m (Mary Evans Picture Library), 12mr (Tang chao/Imaginechina/dpa-Bildarchiv), 13om (Martin Schutt/dpa-Zentralbild), 14or (XAMAX), 15mr (Bernd Wüstneck/ZB-Funkregio Ost), 16u (Frans Lanting/Mint Images), 19or (Mary Evans Picture Library), 26ul (United Archives/DEA PICTURE LIBRARY), 26mr (Francois Gohier/Ardea/Mary Evans Picture Library), 28ur (Peter Endig/dpa), 31ol (Uwe Zucchi/dpa), 33mr (ASSOCIATED PRESS), 40o (Karin Hill/dpa-Report), 40r (Frank Rumpenhorst/dpa), 40um (R. Koenig/blcikwinkel), 41om (D. Buerkel/WILDLIFE), 43r (Katja Lenz/dpa), 45ul (Jan Woitas/dpa-Report), 45ur (Richard Lewis/Associated Press), 46ur (akg-images); Schrenk, Dr. Friedemann: 43r; **Shutterstock:** 6-7Hg./10-11Hg./38-39Hg./42-43Hg./46-47Hg. (Roberaten), 6om (Diego Barucco), 7ml (Cbenjasuwan), 7ol (ChWeiss), 8ml (fullempty), 8om (Marcio Jose Bastos Silva), 8um (Albie Venter), 14ul (Anetlanda), 14ur (Maxim Godkin), 15ml (Frosch: Galyna Andrushko), 15or (Beker), 17ml (Marek R. Swadzba), 18-19Hg. (smuay), 19u (miha de), 19mr (Sytilin Pavel), 23mm (Nicolas Primola), 48or (Andrew Burgess); **Sol90images:** 20-21u, 24-25Hg.; **Thinkstock:** 2ml (vaeenma), 2mr (Russell Shively), 7om (vaeenma), 8-9Hg. (Dorling Kindersley), 10or (Tim Abbott), 10ur (Russell Shively), 15ol (para827), 17ul (John Rodriguez), 17mr (Brand X Pictures), 25ul (CoreyFord), 28-29Hg. (Antipov), 29om (songqiuju); **ullstein bild Axel Springer Syndication GmbH:** 28ol (Lombard); **Urweltmuseum Hauff Holzmaden (www.urweltmuseum.de):** 34ur; **Wikipedia:** 2ur (Ghedoghedo), 3om (Henry F. Osborn.), 10mr (PD/B. J. Donne), 11or (PD/www.montanadinosaurdigs.com/dinosaur-discoveries), 13um (PeerJ/Chiappe et al.), 13ur (PeerJ/Chiappe et al.), 18ul (PD), 23ol (Verisimilus), 23or (Ghedoghedo), 23ul (Aleksey Nagovitsyn/Arkhangelsk Regional Museum), 23um (Esv - Eduard Solà Vázquez), 23ur (Daderot), 24ml (Smith, M. R., Harvey, T. H. P. & Butterfield, N. J. (2015) The macro- and microfossil record of the middle Cambrian priapulid Ottoia. Palaeontology, in press. doi:10.1111/pala.12168), 25or (Jstuby), 25um (Gyik Toma - Tommy the paleobear), 26ml (Wilson44691), 26or (Obsidian Soul/Dimitris Siskopoulos), 28or (Ghedoghedo), 31om (Lutz Benseler), 31mr (PD, Urheber: Ernst Haeckel), 32mr (Ghedoghedo), 34mr (Ghedoghedo), 36mr (Ghedoghedo), 38or (Henry F. Osborn), 38u (Lepticitidium), 39m (Ryan Somma), 40mr (Torsten Wappler, Hessisches Landesmuseum Darmstadt), 41or (Jens L. Franzen, Philip D. Gingerich, Jörg Habersetzer1, Jørn H. Hurum, Wighart von Koenigswald, B. Holly Smith), 41m (Jens L. Franzen, Philip D. Gingerich, Jörg Habersetzer1, Jørn H. Hurum, Wighart von Koenigswald, B. Holly Smith), 42um (Guérin Nicolas)

Vorsatz: Shutterstock: ol (VikaSuh)
Umschlagfotos: Corbis: U1 (Louie Psihoyos), U4 (Louie Psihoyos)
Gestaltung: independent Medien-Design

Copyright © 2016 TESSLOFF VERLAG, Burgschmietstraße 2–4, 90419 Nürnberg
www.tessloff.com

Die Verbreitung dieses Buches oder von Teilen daraus durch Film, Funk oder Fernsehen, der Nachdruck, die fotomechanische Wiedergabe sowie die Einspeicherung in elektronische Systeme sind nur mit Genehmigung des Tessloff Verlages gestattet.

ISBN 978-3-7886-2097-4

Editionen

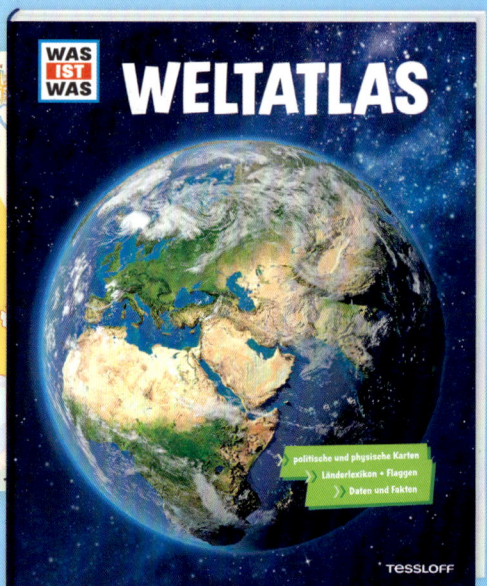

Die Welt in Karten, Flaggen und Fakten auf 232 Seiten.

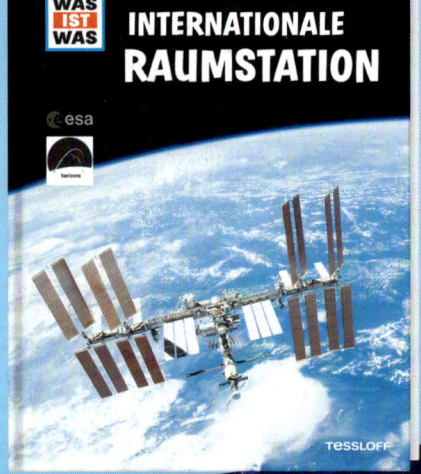

96 Seiten über die Geschichte der Raumfahrt und den Alltag der Astronauten auf der ISS.

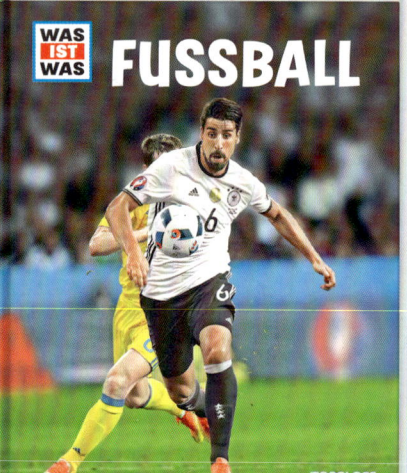

Alles über Tore, Titel und Toptalente auf 96 Seiten.